微生物学实验

WEISHENGWUXUE SHIYAN

■ 主　编　蔡尽忠　赵　丽
　副主编　何少贵　陈金垒
　　　　　胡　佳　庄峙厦
　　　　　鄢庆枇

　大连理工大学出版社

图书在版编目(CIP)数据

微生物学实验 / 蔡尽忠，赵丽主编. — 大连：大连理工大学出版社，2018.6(2025.1重印)

ISBN 978-7-5685-1452-1

Ⅰ. ①微… Ⅱ. ①蔡… ②赵… Ⅲ. ①微生物学—实验 Ⅳ. ①Q93-33

中国版本图书馆CIP数据核字(2018)第098896号

大连理工大学出版社出版

地址：大连市软件园路80号　邮政编码：116023
营销中心：0411-84707410　84708842　邮购及零售：0411-84706041
E-mail：dutp@dutp.cn　URL：https://www.dutp.cn
大连朕鑫印刷物资有限公司印刷　　大连理工大学出版社发行

幅面尺寸：185mm×260mm　　印张：6.75　　字数：149千字
2018年6月第1版　　2025年1月第3次印刷

责任编辑：王晓历　　　　　　　　　　　　责任校对：王晓彤
封面设计：张　莹

ISBN 978-7-5685-1452-1　　　　　　　　　　定　价：21.80元

前　言

　　本教材主要面向应用型本科食品质量与安全、环境科学与工程、制药工程专业学生,亦适用于高职食品分析与检验、环境监测与评价、药品质量检测技术专业学生,旨在训练学生掌握微生物基本的实验操作技能,掌握检测食品、环境、药学常见微生物项目的实验技能,加深和巩固对微生物学理论知识的理解。

　　本教材主要包括四部分内容:第一部分为基础微生物学实验方法与技术;第二部分为食品微生物学实验方法与技术;第三部分为药学微生物学实验方法与技术;第四部分为环境微生物学实验方法与技术。第一部分主要介绍微生物学实验的基本操作知识;第二、三、四部分为微生物学综合实验,分别介绍了食品、药学、环境中常见微生物检测项目的操作方法。

　　本教材由厦门华厦学院蔡尽忠、赵丽任主编,厦门华厦学院何少贵、陈金垒、胡佳、庄峥厦以及集美大学鄢庆枇任副主编。

　　在编写本教材的过程中,编者参考、引用和改编了国内外出版物中的相关资料以及网络资源,在此表示深深的谢意!相关著作权人看到本教材后,请与出版社联系,出版社将按照相关法律的规定支付稿酬。

　　限于水平,书中仍有疏漏和不妥之处,敬请专家和读者批评指正,以使教材日臻完善。

编　者

2018 年 6 月

所有意见和建议请发往:dutpbk@163.com

欢迎访问高教数字化服务平台:https://www.dutp.cn/hep/

联系电话:0411-84708445　84708462

目　录

微生物学实验目的与基本要求

一、目的

微生物学实验课的目的是通过实验达到训练学生掌握微生物学基本的操作技能;使学生掌握微生物的基本知识;加深对课堂讲授的微生物学理论知识的理解。通过实验课还可以培养学生观察、思考、分析问题、解决问题和提出问题的能力;养成实事求是、严肃认真的科学态度以及敢于创新的开拓精神。

二、基本要求

为了上好微生物学实验课,并保证安全,特提出如下要求:

1.每次实验课必须对实验内容进行充分预习,以了解实验目的、原理和方法,达到心中有数,思路清楚。

2.进入实验室后应穿实验服,禁止吸烟及吃东西。

3.在实验室内不要趴在桌子上。

4.认真、及时做好实验记录,对于当时不能得到结果而需要连续观察的实验,则需记下每次观察的现象和结果,以便实验结束后分析。

5.实验室内应保持整洁,勿高声谈话和随便走动,保持室内安静。

6.实验时小心仔细,全部操作应严格按操作规程进行,万一遇到盛菌试管或瓶不慎打破;皮肤或菌液吸入口中等意外情况发生时,应立即报告指导教师,及时处理,切勿隐瞒。

7.实验过程中,切勿使乙醇、乙醚、丙酮等易燃品接近火焰。如遇火险,应先关掉火源,再用湿布或沙土掩盖灭火。必要时使用灭火器。

8.加热培养基时,人要在旁边看着,防止爆沸。

9.手擦完医用酒精时,要等手干后才能靠近酒精灯,防止手着火烧伤。

10.使用显微镜或其他贵重仪器时,要求细心操作,特别爱护。对消耗材料和药品等要求节约,用毕后要盖好瓶盖,放回原处。

11.每次实验完毕后,必须把所用仪器抹净放妥,将实验室收拾整齐,擦净桌面,如有菌液污染桌面或其他地方时,可用 3% 来苏尔液或 5% 石炭酸液或 0.1% 新洁尔灭覆盖 0.5 h 后擦去,如系芽孢杆菌,应适当延长消毒时间。

12.凡带菌的工具(如吸管、玻璃涂布棒等)在洗涤前必须浸泡在消毒剂中消毒或用开水煮沸 5 分钟以上才可洗涤。

13.每次实验需进行培养的材料,应标明自己的组别、样品名称、实验日期及稀释倍数等信息,放于教师指定的地点进行培养。实验室中的菌种和物品等,未经教师许可,不得携带出实验室外。

14.每次实验结束,应以实事求是的科学态度填写报告表格,力求简明准确,认真回答思考题,并及时汇交教师批阅。

15.实验完成后值日生留下做好清洁工作。

16.离开实验室之前将手洗净,并关闭灯、火、水、电、门、窗等。

实验室检验总则

一、样品的采集

（一）采样目的

确保采集的样品能代表全部被检验的物质，使检验分析更具代表性。

（二）采样原则

1.采集的样品要有代表性，采样时应首先对该批原料、加工、运输、贮藏方法及条件、周围环境卫生状况等进行详细调查，检查是否有污染源存在，同时能反映全部被检食品的组成、质量和卫生状况。

2.应设法保持样品原有微生物状况，在进行检验前不得污染，不得使微生物形态发生变化。

3.采样必须遵循无菌操作规程，容器必须灭菌，避免环境中微生物污染，容器不得使用煤酚皂溶液、新洁尔灭、酒精等消毒物灭菌，更不能含有此类消毒药物，以避免杀掉样品中的微生物，所用剪、刀、匙等用具也须灭菌后方可使用。

（三）采样数量

采样数量的确定，应考虑分析项目的要求、分析方法的要求及被检物的均匀程度三个因素。样品应一式三份，分别供检验、复检及备查使用，每份样品数量一般不少于200 g。

根据不同种类采样数量略有不同，实验室检验样品一般为25 g。

（四）采样方法

1.采取随机抽样的方式。

2.直接食用的小包装食品，尽可能取原包装，直到检验前不要开封，以防污染。

3.如为非冷藏易腐食品，应迅速将所采样品冷却至0～4 ℃。

4.不要使样品过度潮湿，以防样品中固有的细菌增殖。

5.在将冷冻食品送到实验室前，要始终保持样品处于冷冻状态。样品一旦融化，不得再次冷冻，保持冷却状态即可。

（五）样品的保存和运送

1.样品采集完后，应迅速送往实验室检验，送检过程一般不超过3 h，如路程较远，可保存在1～5 ℃环境中，如需冷冻，则在冷冻状态下送检。

2.冷冻样品应存放在−15 ℃以下冰箱内；冷却和易腐食品应存放在0～5 ℃冰箱或冷却库内；其他食品可放在常温冷暗处。

3.运送冷冻和易腐食品应在包装容器内加适量的冷却剂或冷冻剂。保证途中样品不升温或不融化。

4.待检样品存放时间一般不应超过 36 h。

二、检验样品的制备

(一)样品的全部制备过程均应遵循无菌操作程序。

(二)检验冷冻样品前应先使其融化。可在 0～4 ℃融化,时间不超过 18 h,也可在温度不超过 45 ℃的环境中融化,时间不超过 15 min。

(三)检验液体或半固体样品前应先将其充分摇匀。如容器已装满,可迅速翻转 25 次;如未装满,可于 7 s 内以 30 cm 的幅度摇动 25 次。从混样到检验间隔时间不应超过 3 min。

(四)开启样品包装前,先将表面擦干净,然后用 75％乙醇消毒开启部位及其周围。

1.非黏性液体样品可用胶头滴管吸取一定量,然后加入适量的稀释液或培养基内,吸管插入样品内的深度不应超过 2.5 cm,也不得将吸有样品的胶头滴管浸入稀释液或培养基内。

2.黏性液体样品可用灭菌容器称取一定量,然后加入适量的稀释液或培养基。

3.固体或半固体样品可用灭菌的均质杯称取一定量,再加适量的稀释液或培养基进行均质,从样品的均质、稀释以及接种,间隔时间不应超过 15 min。

三、检验

(一)实验室收到样品后,首先进行外观检验,及时按照国家标准检验方法进行检验,检验过程中要认真、负责,严格进行无菌操作,避免环境中微生物污染。

(二)检验所使用的稀释液、试剂以及培养基接触的一切器皿必须经过有效的灭菌。

(三)实验室所用仪器、设备的性能应定期检查和校正。

(四)制备试剂和培养基所用的水,应为去离子水或用玻璃器皿蒸馏的蒸馏水。

(五)检验结束后,所有带菌的培养基、试剂、稀释液和器皿必须尽快灭菌和洗刷。清洗过的器皿不应残留洗涤剂的痕迹。

四、检验记录和结果的报告

(一)经检验的每份样品都应有完整的检验记录。样品检验过程中实验方法、实验现象和实验结果等均应用文字进行实验记录,作为结果分析和判定的依据,记录要求详细、清楚、真实、客观、不得涂改和伪造。

(二)检验结束后,根据检验结果,及时填写检验报告书,签字并经负责人审核签字后发出。

第一部分 基础微生物学实验方法与技术

实验一

微生物学实验常用器皿的包扎

一、实验目的

1.熟悉微生物实验所需的各种常用器皿名称和规格。
2.掌握微生物实验常用器皿的包扎。

二、实验原理

微生物实验一般要求无菌操作,直接接触样品、菌种的器皿在使用之前应先灭菌。对于需要灭菌的器皿,在灭菌前必须正确包扎,灭菌之后取出才不会被污染,只有在使用之前才能按要求拆开包扎物。

三、实验器材及试剂

牛皮纸、报纸、纱布、脱脂棉、剪刀、培养皿、枪头盒、移液管、涂布棒、试管、三角瓶、镊子、移液枪枪头。

四、实验步骤

1.培养皿

洗净晾干后每10套叠在一起,用牛皮纸卷成一筒,应尽量包紧,外面用绳子捆扎,然后进行灭菌。有条件的,最好放在特制的铁皮圆筒里,加盖扣严(图1-1)。包装后的培养皿经灭菌后方可使用,使用时在无菌室中才能打开培养皿。

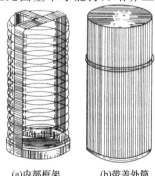

(a)内部框架　　(b)带盖外筒

图1-1　装培养皿的铁皮圆筒

2. 枪头盒

枪头盒单独用牛皮纸包扎,应尽量包紧。

3. 涂布棒

每支涂布棒先用一条宽 4～5 cm 的报纸条包扎,应尽量包紧,然后再几支一起用牛皮纸包扎。

4. 移液管

为防止细菌进入移液管管口,并避免将管口细菌吹入移液管内,移液管应在距管口 1～2 mm 处塞入棉花少许(2～3 cm 长)。棉花要塞得松紧适宜:吹时能通气,但棉花不滑下去。

塞好棉花的移液管用报纸条包扎,应尽量包紧(图 1-2)。然后再几支一起用牛皮纸包扎。或者把包装好的移液管放在特别制作的铁皮圆筒内,加盖密封后待灭菌(图 1-3)。

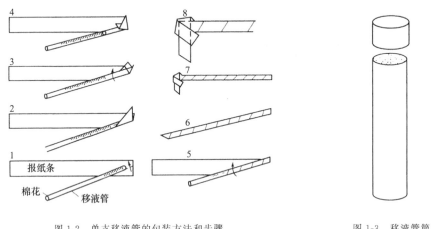

图 1-2 单支移液管的包装方法和步骤　　　　图 1-3 移液管筒

5. 试管

试管用棉花塞或试管塞塞好后,几根扎一捆后,在试管口包一层牛皮纸。

6. 三角瓶

装培养基或用来培养厌氧微生物的三角瓶,瓶口先用两层铝箔包扎,然后外面再用一层牛皮纸包扎。

用来培养需氧微生物的三角瓶,瓶口先用 8 层纱布包扎,然后外面再用一层牛皮纸包扎。

7. 其他用具的包扎

镊子、剪刀、10 mL 移液枪枪头等直接用两层牛皮纸包扎。

微生物器皿的包扎没有固定的要求,只要包扎密闭就可以。上述操作方法只是常用的包扎方法,实际应用中可根据不同情况调整包扎方法。

五、思考题

1.微生物实验器皿为什么要进行包扎?

2.微生物实验器皿包扎时应注意什么事项?

附:棉花塞的制作

试管和三角瓶都需制作合适的棉花塞。棉花塞起过滤作用,可避免空气中的微生物进入试管或三角瓶。

棉花塞应紧贴玻璃壁,没有皱纹和缝隙,不能过紧或过松,过紧易挤破管口或不易塞入,过松易掉落或污染。棉花塞的长度不小于管口直径的 2 倍,约 $\frac{2}{3}$ 塞进管口。将若干支试管用绳子扎在一起,在棉花塞部分外包油纸或牛皮纸,再在纸外用绳扎紧。三角瓶则每个单独用油纸包扎棉花塞(图 1-4)。

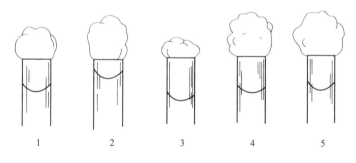

图 1-4　棉花塞

1—正确的样式;2—管内部分太短,外部太松;3—外部过小;

4—整个棉花塞过松;5—管内部分过紧,外部过松

不能用脱脂棉制作棉花塞,必须用普通棉花。制作方法如下:

1.根据所做棉花塞的大小撕一块较平整的棉花。

2.把长边的两头各叠起一段,目的是叠齐、加厚。

3.按住短边把棉花卷起来,卷时两手要捏紧中间部分,两头不要卷得太紧。

4.卷成棉卷后,从中间折起来并拢,插入试管或三角瓶,深度如上所述。

5.检查一下插入部分的松紧度、长度及外露部分的长度、粗细和结实程度是否合乎要求。

此外,还有一种制作法,如图 1-5 所示。

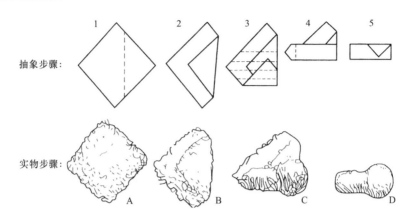

抽象步骤：

实物步骤：

图 1-5　棉塞的制作过程

　　为了便于无菌操作,减小棉花塞的污染概率或因棉花纤维过短而影响使用效果,可在棉塞外面包上1~2层纱布,延长其使用时间。

　　新做的棉花塞弹性比较大,不易定型。插在容器上经过一次高压蒸汽灭菌后,其形状、大小即可固定。按不同的大小分类存放,备用。

实验二

普通光学显微镜的使用

一、实验目的

1. 学习显微镜的结构、功能和使用方法。
2. 学习并掌握油镜的原理和使用方法。

二、实验原理

显微镜的种类很多,主要依据目的不同将其分为普通光学显微镜(图 2-1)、暗视野显微镜、荧光显微镜、电子显微镜、相差显微镜等。在微生物实验中,普通光学显微镜的使用最为常见。

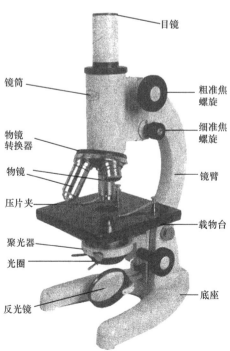

镜筒

物镜
转换器

物镜

压片夹

聚光器

光圈

反光镜

目镜

粗准焦
螺旋

细准焦
螺旋

镜臂

载物台

底座

图 2-1　普通光学显微镜

普通光学显微镜通常以日光或灯光为光源,光线从标本玻片经过空气进入镜头时,由于介质密度不同而发生折射现象。所以进入物镜中的光线越少,视野越暗,物像越不清晰。针对此种情况,在玻片上加上折光率(n)与之相近的香柏油(玻片 $n=1.520$,香柏油 $n=1.515$),就可以避免光线因为分散而变少,从而提高视野的亮度,获得更加清晰的物像(图 2-2)。

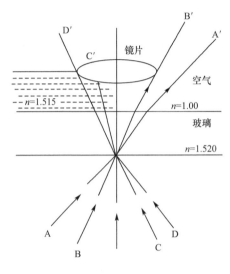

图 2-2 油镜的工作原理

三、实验器材及试剂

光学显微镜,细菌、真菌、放线菌等微生物标本玻片,香柏油,二甲苯,擦镜纸。

四、实验步骤

1. 取镜

取用显微镜时,右手紧握镜臂,左手托住镜座,保持镜身直立,轻轻放置在离实验桌边缘约 10 cm 的桌面上,端正坐姿,使镜臂对着左肩。放置妥当后,应检查各部分是否完好。

2. 对光

转动粗调节器,使镜筒上升,然后转动物镜转换器,使低倍镜与镜筒成一直线,打开光圈,左眼向目镜内观察,调节反光镜、聚光器和光圈,使整个视野亮度均匀适宜。

3. 装片

将标本玻片置于载物台上,用压片夹固定,调节标本移动旋钮,将所要观察的部分对准物镜。

4. 低倍镜的使用

观察标本必须从低倍镜开始。先往下转动粗调节器,使物镜与标本接近,然后再往上转动粗调节器,直至初见物像,再转动细调节器使物像清晰。镜检时,两眼都要睁开,一般用左眼观察,用右眼协助绘图或记录。

5. 高倍镜的使用

在低倍镜下找到物像后,将需要观察的部位移至视野中央,然后,小心转换高倍镜进行观察。如果看不清物像,可用细调节器稍加调节使物像清晰。若光线较暗,可调节聚光器及光圈。

6. 油镜的使用

升高镜筒,换入油镜。在标本玻片的待检部滴加一滴香柏油,从显微镜侧面观察,调节粗调节器,缓缓使油镜镜头浸入油滴,几乎与标本片相接,但两者切不可相碰!然后调节光照,一边从目镜观察,一边徐徐往上调节粗调节器,看到模糊图像之后,再用细调节器使物像清晰。若镜头离开油面还未看到物像,则需重新操作。

7. 清洁

观察完毕,转动粗调节器使镜筒上升,取下标本玻片,及时用擦镜纸将油镜和标本玻片擦干净,再用蘸过二甲苯的擦镜纸擦拭,随后用干净的擦镜纸再擦两次。

8. 还原

将物镜转离通光孔,以防镜头与聚光器碰撞。将镜头下降与载物台相接,降下聚光器,竖直反光镜,罩好防尘罩或放回镜箱内。

五、注意事项

1. 显微镜是贵重和精密的仪器,使用时要小心爱护,勿随意拆散玩弄。持镜时必须是右手握臂、左手托座的姿势,不可单手提取,以免零件脱落或碰撞到其他地方。轻拿轻放,不可把显微镜放置在实验台的边缘,以免碰翻落地。

2. 不要随意拆卸各种零件,物镜转换器和粗、细螺旋器,结构紧密,不要轻易拆装,若仪器发生故障,应及时报告教师,以便检查修理。

3. 要养成两眼同时睁开的习惯,通常用左眼观察视野,右眼协助绘图或记录。

4. 临时标本片制好后,必须用吸水纸吸净载玻片外面的液体,方可置于载物台上观察,严防酸、碱等液体腐蚀镜头和载物台。

5. 降下镜筒时,应缓慢下降,注意物镜与标本玻片之间的距离,谨防损坏镜头。在整个调焦过程中,动作要慢,要细心。

6. 从高倍镜和油镜下取出标本时,必须先提升镜筒,将镜头转离通光孔,方可取出。

7. 当用二甲苯擦镜头时,用量要少,不宜久抹,以防黏合透镜的树脂被溶解。

8. 保持清洁,一切光学部分,尤其是物镜和目镜镜头,禁止用手触摸。

9. 使用完毕,各个附件要清点齐全,归还原位,置于通风干燥处。

六、思考题

1. 使用油镜时,为什么选用香柏油或液体石蜡作为物镜与玻片间的介质?选用其他液体行吗?

2.油镜用毕后,为什么必须把镜油擦净?用过多的二甲苯或用酒精擦镜有什么危害?

3.观察时为什么要用左眼,并且两眼都应睁开?

附:普通光学显微镜的构造

普通光学显微镜的构造可以分为两大部分:一为机械装置;二为光学系统。这两部分有机结合,才能发挥显微镜的作用。

1.显微镜的机械装置

显微镜的机械装置包括镜座、镜筒、物镜转换器、载物台、粗准焦螺旋、细准焦螺旋等部件。

(1)镜座

镜座是显微镜的基本支架,它由底座和镜臂两部分组成。在它上面连接有载物台和镜筒,是用来安装光学放大系统部件的基础。

(2)镜筒

位于显微镜上方,为一空心圆筒。上端连接目镜,下端与物镜转换器相连。

(3)物镜转换器

用来安装和转换物镜,通常有3~4孔,可装配不同放大率的物镜。使用时根据需要可自由旋转,更换放大倍数不同的物镜。

(4)载物台

镜筒下的平台,用以载放被检标本。中央有孔,称为通光孔,可通过集中的光线。载物台上装有压片夹,以固定标本片;有的装有推进器,可固定或移动标本片。

(5)调焦螺旋

调焦螺旋包括粗调节螺旋和细准焦螺旋。用来调节物镜与标本之间的距离,使被观察物在正确的位置上形成清晰的图像。粗准焦螺旋可以使镜筒有较大距离的升降;细准焦螺旋升降的距离很小,一般在已见到图像,但还不太清晰时使用。

2.显微镜的光学系统

(1)目镜

目镜又称接目镜,安放于镜筒上端,上面刻有"5×""10×""15×"等标记,各代表其放大倍数。为便于指示物像,目镜中常装有指针。

(2)物镜

物镜又称接物镜,它是决定显微镜性能的最重要部件,装在转换器的圆孔内,一般有3个,即低倍镜、高倍镜和油镜。物镜上一般都标有表示物镜光学性能和使用条件的一些数字和符号,以图2-3所示物镜为例,这里100表示放大倍数;1.25表示物镜的数值口径,数值口径越大,分辨物体的能力越强;160表示镜筒的机械长度(mm);0.17表示所用盖玻片的最大厚度(mm)。物镜下缘常常还刻有一圈带色的线,如油镜下方有一圈白线用以区别不同放大倍数的物镜。

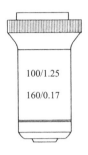

图 2-3　物镜上标明的主要参数

（3）聚光器

聚光器位于载物台下方,可上下移动,上升则视野明亮,下降则光线减弱。在聚光器下方装有虹彩光圈,借此也可以调节视野亮度。

（4）反光镜

反光镜位于聚光器的下方,其作用是采集外来光线,并反射到聚光器中。反光镜有平面镜和凹面镜之分,一般在光源光线较强时用平面镜,光源光线较弱时用凹面镜。

实验三

微生物形态观察

一、实验目的

1.认识细菌、真菌、放线菌等微生物的基本形态特征。

2.进一步熟练显微镜的使用方法。

二、实验原理

微生物是一群个体微小、结构简单、肉眼不能看到,必须借助显微镜放大几百、几千、甚至几万倍才能看清的微小生物。微生物经特殊染色处理后可显示其固有形态或特殊结构,可用以对微生物的观察和辨认。

三、实验器材及试剂

光学显微镜,细菌、真菌、放线菌等微生物标本玻片,香柏油,二甲苯,擦镜纸。

四、实验步骤

1.取镜

取用显微镜时,右手紧握镜臂,左手托住镜座,保持镜身直立,轻轻放置在离实验桌边缘约 10 cm 的桌面上,端正坐姿,使镜臂对着左肩。放置妥当后,应检查各部分是否完好。

2.对光

转动粗调节器,使镜筒上升,然后转动物镜转换器,使低倍镜与镜筒成一直线,打开光圈,左眼向目镜内观察,调节反光镜、聚光器和光圈,使整个视野亮度均匀适宜。

3.装片

将标本玻片置于载物台上,用压片夹固定,调节标本移动旋钮,将所要观察的部分对准物镜。

4.低倍镜的使用

观察标本必须从低倍镜开始。先往下转动粗调节器,使物镜与标本接近,然后再往上转动粗调节器,直至初见物像,再转动细调节器使物像清晰。镜检时,两眼都要睁开,一般用左眼观察,用右眼协助绘图或记录。

5.高倍镜的使用

在低倍镜下找到物像后,将需要观察的部位移至视野中央,然后,小心转换高倍镜进行观察。如果看不清物像,可用细调节器稍加调节使物像清晰。若光线较暗,可调节聚光器及光圈。

在高倍镜下观察真菌、放线菌的形态特征并绘制图片。

6.油镜的使用

升高镜筒,换入油镜。在标本片的待检部滴加一滴香柏油,从显微镜侧面观察,调节粗调节器,缓缓使油镜镜头浸入油滴,几乎与标本片相接,但两者切不可相碰!然后调节光照,一边从目镜观察,一边徐徐往上调节粗调节器,看到模糊图像之后,再用细调节器使物像清晰。如镜头离开油面还未看到物像,则需重新操作。

在油镜下观察细菌三型形态特征并绘制图片。

7.清洁

观察完毕,转动粗调节器使镜筒上升,取下标本玻片,及时用擦镜纸将油镜和标本玻片擦干净,再用蘸过二甲苯的擦镜纸擦拭,随后用干净的擦镜纸再擦两次。

8.还原

将物镜转离通光孔,以防镜头与聚光器碰撞。将镜头下降与载物台相接,降下聚光器,竖直反光镜,罩好防尘罩或放回镜箱内。

五、注意事项

1.显微镜是贵重和精密的仪器,使用时要小心爱护,勿随意拆散玩弄。持镜时必须是右手握臂、左手托座的姿势,不可单手提取,以免零件脱落或碰撞到其他地方。轻拿轻放,不可把显微镜放置在实验台的边缘,以免碰翻落地。

2.不要任意拆卸各种零件,物镜转换器和粗、细螺旋器,结构紧密,不要轻易拆装,若仪器发生故障,应及时报告教师,以便检查修理。

3.要养成两眼同时睁开的习惯,通常用左眼观察视野,右眼协助绘图。

4.临时标本片制好后,必须用吸水纸吸净载玻片外面的液体,方可置于载物台上观察,严防酸、碱等液体腐蚀镜头和载物台。

5.降下镜筒时,应缓慢下降,注意物镜与标本玻片之间的距离,谨防损坏镜头。在整个调焦过程中,动作要慢,要细心。

6.从高倍镜和油镜下取出标本时,必须先提升镜筒,将镜头转离通光孔,方可取出。

7.当用二甲苯擦镜头时,用量要少,不宜久抹,以防黏合透镜的树脂被溶解。

8.保持清洁,一切光学部分,尤其是物镜和目镜镜头,禁止用手触摸。

9.使用完毕,各个附件要清点齐全,归还原位,置于通风干燥处。

六、思考题

观察各种微生物并绘图于实验报告上。

实验四

革兰氏染色

一、实验目的

1. 学会细菌制片。
2. 掌握革兰氏染色法及结果判断。

二、实验原理

革兰氏染色法是最常用的细菌鉴别染色法,根据染色结果将细菌分成两大类,即革兰氏阳性菌和革兰氏阴性菌,这有助于为细菌鉴别,分析细菌的结构特点、致病性和选用抗菌药物提供依据。

两大类细菌细胞壁成分和结构不同。革兰氏阴性菌细胞壁中有较多的类脂质,而肽聚糖含量较少。当用酒精脱色时,类脂质溶解,细胞的渗透性提高,使结晶紫和碘的复合物易于渗出,结果细胞脱色,经复染后,染上复染液的颜色。而革兰氏阳性菌细胞壁中肽聚糖含量多且交联度大,类脂质含量少经酒精脱色后,肽聚糖层的孔径变小,通透性降低,细胞仍保留结晶紫的颜色。

三、实验器材及试剂

金黄色葡萄球菌、大肠埃希菌 18～24 h 培养物、革兰氏染色液一套(草酸铵结晶紫染液、卢戈氏碘液、95%乙醇、沙黄染液)、香柏油、二甲苯、玻片、接种环、生理盐水、酒精灯、吸水纸、显微镜等。

四、实验步骤

1. 涂片

取洁净载玻片 1 片,将 1 滴生理盐水或蒸馏水置于玻片上,用接种环以无菌操作方式(图 4-1)取菌少许,与水滴混匀并涂成薄膜。如用液体培养物涂片,可直接取培养物涂于玻片上,不加生理盐水。有菌的接种环应立即在火焰上烧灼灭菌。注意滴生理盐水和取菌时不宜过多且涂抹要均匀,不宜过厚。

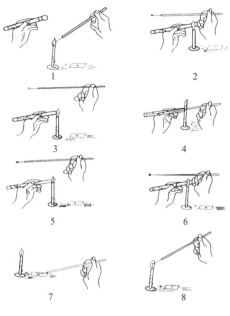

图 4-1　无菌操作过程

2. 干燥

将涂片放空气中自然干燥,或在离火焰较远处烘干,切勿高温烘烤,因温度太高会破坏菌体形态。

3. 固定

手持载玻片一端,将涂片在酒精灯外焰上连续通过三个来回,每个来回约 1 s,就可固定标本,直到手背试触涂片反面热而不烫时为宜。

4. 染色

a.初染　滴加草酸铵结晶紫染液 1～2 滴于标本面上,染色 1 min,轻轻水洗,甩干。

b.媒染　滴加卢戈氏碘液 1～2 滴于标本面上,染色 1 min,轻轻水洗,甩干。

c.脱色　滴加 95% 酒精 1～2 滴于标本面上,频频倾动玻片,直到不再溶下染料时为止,约 30 s,视标本片材料厚薄而增减时间,然后水洗,甩干。

d.复染　加沙黄染液 1～2 滴于标本面上,染 1 分钟,水洗后吸干(图 4-2)。

5. 镜检

用毛边纸或滤纸轻轻吸干(珍贵标本应自然干燥),待标本充分干燥后加油,用油镜观察并判断细菌的染色结果。

提示:经革兰氏染色后,显紫色者为革兰氏阳性菌,显红色者为革兰氏阴性菌。

6. 实验后处理

擦干油镜镜头,整理、清洁显微镜,把显微镜放回原处,把标本玻片放入消毒缸中。

图 4-2　革兰染色过程

1—加草酸铵结晶紫染液；2—水洗；3—加卢戈氏碘液；4—水洗；

5—乙醇脱色，立即水洗；6—加沙黄染液；7—水洗；8—吸干

五、注意事项

1.玻片要洁净无油，否则菌液不易涂开。不宜选用厚玻片，以免观察标本时难调清视野。

2.涂片时注意大小、位置、厚薄等问题；干燥一般用自然干燥法，必要时可在酒精灯火焰上方热空气中烘干，切勿紧靠火焰。

3.固定的目的是杀死细菌，使其蛋白凝固黏附在玻片上，改变细菌对染料的通透性以便于着色，要注意固定的方法是：标本向上在酒精灯的外焰上来回三次，约 1 s 一个来回，3 s 后以手背试触玻片反面热而不烫为宜。

4.染色时注意看清染料名称,按序进行。滴加染料以能覆盖涂片为宜,不宜过多。要掌握好染色时间,尤其是酒精脱色时间,不宜过长或过短。染色中除脱色时摇动玻片外,均要端平玻片或将其静放在台面上。染色过程中,不可使染液干枯。

5.水洗切勿先倒去染料,而应用较小水流冲洗载玻片一端,用水流将它们缓缓带走,避免直接冲洗菌膜处,切忌将未经火焰固定的标本染色水洗。

6.选用适龄培养物,以 18～24 h 为宜,否则影响染色效果。

7.细菌染色标本观察后应放入规定的玻片缸中以便消毒处理。

六、思考题

1.哪些环节会影响革兰氏染色结果的正确性?

2.革兰氏染色有何实际意义?

3.不经过复染这一步,能否区别革兰氏阳性菌和革兰氏阴性菌?

4.金黄色葡萄球菌、大肠埃希菌经革兰氏染色后分别显紫色还是红色?属于革兰氏阳性菌还是革兰氏阴性菌?

实验五

干热灭菌及高压蒸汽灭菌

一、实验目的

了解干热灭菌及高压蒸汽灭菌的操作方法。

二、实验原理

干热灭菌是利用高温使微生物细胞内的蛋白质凝固变性而达到灭菌的目的,细胞内的蛋白质凝固性与其本身的含水量有关,在菌体受热时,当环境和细胞内含水量越大,则蛋白凝固越快,反之含水量越小凝固越慢。因此与湿热灭菌相比,干热灭菌所需温度高(160～170 ℃),时间长(1～2 h)。高压蒸汽灭菌是将待灭菌的物品放入一个密闭的加压灭菌锅内,通过加热,使灭菌锅内水沸腾产生蒸汽,水蒸气急剧地将锅内的冷空气从排气阀中驱尽,然后关闭排气阀,继续加热,此时由于水蒸气不能溢出而增加了灭菌锅内的压力,从而使沸点升高,得到高于 100 ℃ 的温度,导致菌体蛋白质凝固变性而达到灭菌的目的。

一般培养基在 0.1 MPa、121 ℃ 下,15～30 min 可达到彻底灭菌。灭菌的温度及维持的时间随灭菌物品的性质和容量等具体情况而有所改变。

三、实验器材及试剂

吸管、培养皿、试管、电热干燥箱、手提式高压蒸汽灭菌锅、牛肉膏蛋白胨培养基、蒸馏水等。

四、实验步骤

(一)干热灭菌

适用于空的、干燥的玻璃器皿的灭菌。培养基不适用。

1.将包好的待灭菌物品(培养皿、试管、吸管等)放入电热干燥箱,关好箱门。

2.接通电源,打开排气阀,使箱内湿空气能逸出,旋动恒温调节器,保持加热升温状态,至箱内达到 100 ℃时关闭排气阀。

3.当温度升到 160～170 ℃时,借恒温调节器的自动控制,保持此温度 2 h。

4.切断电源,冷却至 70 ℃时,打开箱门,取出灭菌物品。

(二)高压蒸汽灭菌

1.首先将内层锅取出,向外层锅内加入适量的水,使水面与三脚架相平为宜。

2.放回内层锅,并装入待灭菌物品(内装培养基或小的三角瓶),加盖,并将盖上的排气软管插入内层锅的排气槽内,再以两两对称的方式同时旋紧相对的两个螺栓,使螺栓松紧一致,勿使漏气。

3.用电炉或其他方法加热,并同时打开排气阀,使水沸腾以排除锅内的冷空气,待冷空气排尽后,关上排气阀让锅内的温度随蒸汽压力增加而逐渐上升,当锅内达到所需压力时,控制热源,维持压力至所需时间。

4.停止加热,待压力表的压力降至零位时,打开排气阀,旋松螺栓,打开盖子,取出灭菌物品。

五、注意事项

1.器皿要先洗净,控干水,不能沾有油脂等有机物。

2.排列不可过密,不能紧靠干燥箱壁。

3.严禁将箱内温度探头挡住。

4.对纸张、棉花、凡士林及粉剂等物品可用 140 ℃,持续 3 h。

5.用纸包扎的待灭菌物品,不可紧靠箱壁,以防着火。

6.灭菌结束时要等温度降至 70 ℃左右再开启箱门,以免玻璃因骤冷而破碎。

7.若干燥箱内有焦味,应立即关闭电源。

8.当压力不为零时,不能开盖取物,否则由于压力突然下降,容器内外压力不平衡,而使待灭菌物品冲出烧瓶口或试管口,造成棉塞沾染而发生污染,甚至灼伤操作者。

9.高压灭菌锅上的安全阀,是保障安全使用的重要部件,不得随意调节。

10.待灭菌物品不能装得太挤,以免妨碍蒸汽流通,影响灭菌效果,三角瓶瓶口不要与锅壁接触,以免冷凝水淋湿包口的纸而透入棉塞。

六、思考题

1.干热灭菌操作过程中应注意哪些问题,为什么?

2.为什么干热灭菌所需温度要比高压蒸汽灭菌高?

3.高压蒸汽灭菌时,为什么要排尽锅内的空气?

实验六

培养基配制

一、实验目的

1. 熟悉配制培养基的基本流程。
2. 了解培养不同微生物所用的培养基的制备方法。
3. 掌握高压蒸汽灭菌的原理与方法。

二、实验原理

培养基是人工按一定比例配制的供微生物生长繁殖和合成代谢产物所需要的营养物质的混合物。培养基的原材料可分为碳源、氮源、无机盐、生长因子和水。根据微生物的种类和实验目的的不同,培养基也有不同的种类和配制方法。

营养琼脂培养基是一种应用最广泛和最普通的细菌基础培养基。由于这种培养基中含有一般细胞生长繁殖所需要的最基本的营养物质,所以可供微生物生长繁殖之用。

三、实验器材及试剂

三角瓶、量筒、试管、吸管、培养皿、漏斗、棉花、牛皮纸、纱布、记号笔、药匙、天平、培养基等。

四、实验步骤

1. 称量

按培养基的配方准确称取牛肉膏、蛋白胨、氯化钠并放入烧杯中。不容易称量的牛肉膏,可用玻璃棒取出放在硫酸纸上称量,然后连同硫酸纸一起放入烧杯中。向烧杯内加入所需水量,如果这时稍微加热,牛肉膏便会与硫酸纸分开,这时立即取出硫酸纸。称药品时切忌药品混杂,一把药匙对应一种药品,或称取一种药品后,把药匙洗干净、擦干,再称取另一种药品。

2. 加热

在上述烧杯中先加入所需水量的 $\frac{2}{3}$ 左右,用玻璃棒搅匀,然后,在石棉网上加热使其溶解。将药品完全溶解后,补充水到所需总体积,如果配制固体培养基,将称好的琼脂放入已溶解的药品中,再加热熔化,最后补足所损失的水分。

3. 调 pH

冷却后用精密 pH 试纸测定其 pH,此为培养基的原始 pH,若小于 7.6,则表示该培养基偏酸性,用吸管向培养基中逐滴加入 1 mol/L NaOH,一边加一边搅拌并随时用 pH 试纸测其 pH,直至达到所需的值。如果 pH 调过头,可用 1 mol/L HCl 回调。一般比要求的 pH 高出 0.2 即可,因为高压蒸汽灭菌后,pH 常降低。

4. 分装

根据实验不同的需要,可将配制好的培养基分装入试管、三角瓶或无菌平皿内。液体培养基分装高度应以试管的 $\frac{1}{4}$ 左右为宜,分装三角瓶的量一般以不超过三角瓶容积的一半为宜;固体培养基分装高度应以不超过试管的 $\frac{1}{5}$ 为宜;半固体培养基分装高度应以试管的 $\frac{1}{3}$ 为宜,装入三角瓶的量以三角瓶容积的一半为宜。注意在分装过程中,避免培养基沾在瓶口、管口或皿口上引起污染。

5. 包扎

加塞后,将全部试管用线绳捆好,再在试管外包一层牛皮纸或报纸,以防止灭菌时冷凝水润湿棉塞,其外再用线绳扎好。用记号笔注明培养基名称、年级、专业、班级、组别、配制日期等。

6. 灭菌

对培养基进行高压蒸汽灭菌,在 0.1 MPa、121 ℃ 下,灭菌 15～30 min。

7. 制斜面

将灭菌的试管培养基冷却至 50 ℃ 左右,然后将试管口一端放在木棒上制斜面(图 5-1)。

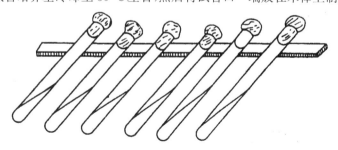

图 5-1 制斜面

8. 无菌检查

将无菌的培养基放入 37 ℃ 的培养箱中培养 24～48 h,以检查灭菌是否彻底。

五、注意事项

1. 培养基要严格按配方配制。
2. 制斜面时,试管斜面长度以不超过试管总长的一半为宜。

六、思考题

1. 配制培养基的一般程序是什么?
2. 培养基配好后,为什么必须立即灭菌? 如何检查灭菌后的培养基是无菌的?
3. 培养微生物的培养基应具备哪些条件? 为什么?

实验七

接种技术和分离培养技术

一、实验目的

1. 掌握常用接种工具的使用。
2. 掌握斜面培养基接种法。
3. 掌握倒平板技术。
4. 学会各种分离单菌落的技术。

二、实验原理

要想让微生物在培养基上按要求生长,必须使用适当的接种工具,并掌握一定的接种技术。一般酒精灯火焰周围 10 cm 内是无菌的;无菌超净台吹出的风是无菌的。用接种环或接种针在酒精灯火焰附近或在无菌超净台上,将微生物从某一固体培养基表面或液体培养基中移到另一含有适宜营养成分的固体培养基表面或液体培养基中,经培养就能得到纯培养的微生物。

将菌悬液充分稀释后,取少许接种于适宜微生物生长的培养基上,使其分散成单细胞,或在培养基的表面不断划线,将菌一个个分离开,培养后会形成一个个分散存在的菌落,即单菌落。

三、实验器材及试剂

接种环、酒精灯、试管、移液管、培养皿、涂布棒、营养琼脂培养基、生理盐水、大肠埃希氏菌菌液等。

四、实验步骤

1.接种环的灭菌

接种环是用铂丝或细电炉丝制成的,使用前、后均需用酒精灯火焰严格灭菌。

接种环的灭菌方法如图 7-1 所示。

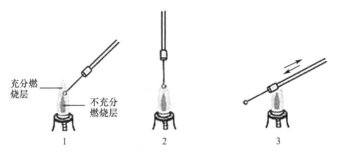

图 7-1　接种环的灭菌方法(1～3 表示先后顺序)

2.斜面培养基接种

斜面培养基接种方法如图 7-2 所示。用左手握持菌种管与琼脂斜面培养基管,菌种管位于左侧,培养基管位于右侧,斜面均向上。右手持接种环在酒精灯外焰灭菌。以右手掌心和小拇指,小拇指和无名指分别夹取两管口的棉塞,将两试管口迅速通过火焰灭菌。在火焰附近,用灭菌的接种环从菌种管挑取少量菌苔,伸进待接种的培养基管斜面底部,由底部向管口蛇形划线。接种时不要划破培养基表面,沾菌的接种环进出试管时不应触及试管口。接种后灼烧接种环,并放回原处。

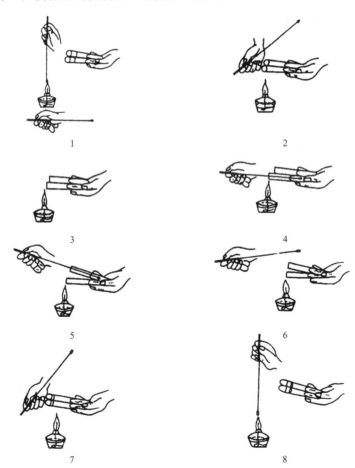

图 7-2　斜面培养基接种无菌操作(1～8 表示先后顺序)

3.倒平板

(1)熔化培养基:100 ℃水浴或电炉加热营养琼脂培养基,使其熔化。

(2)倒平板:当熔化培养基冷却到 50 ℃左右时,取无菌培养皿,每皿倒入约 20 mL 培养基,待凝固后备用。

4.琼脂平板划线分离法

琼脂平板划线分离的方法一般有连续划线分离法和分区划线分离法。

(1)平板连续划线分离法

a.接种环灭菌,冷却后取适量混合菌液。

b.在培养基表面连续"之"字形划线(图 7-3),直至划完整个平板表面。

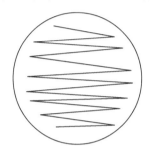

图 7-3　平板连续划线分离法

(2)平板分区划线分离法(图 7-4)

a.接种环灭菌。

b.冷却后,蘸取少许混合菌液,划线于平板培养基表面 a 处。

c.再次将接种环灭菌。

d.冷却后,将菌从 a 处划出至 b 处。

e.接种环第三次灭菌。

f.将菌从 b 处划出至 c 处。

g.接种环第四次灭菌。

h.将菌从 c 处划出至 d 处。

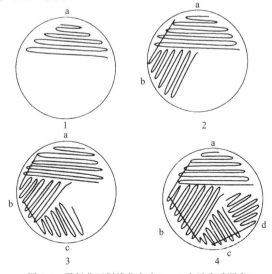

图 7-4　平板分区划线分离法(1~4 表示先后顺序)

i. 将平板倒置于 37 ℃ 培养箱中培养。

j. 观察结果，挑选单菌落转接于斜面培养基。

5. 涂布分离法

（1）取 4 支各装有 9 mL 无菌水的试管，依次编号 10^{-1}、10^{-2}、10^{-3}、10^{-4}，再取 3 个装有营养琼脂培养基的平板，分别编号 10^{-2}、10^{-3}、10^{-4}。

（2）稀释菌液。取 1 支无菌移液管，按无菌操作的方法吸取 1 mL 菌液于 10^{-1} 试管中。另取一支无菌移液管，在 10^{-1} 试管中吹吸数次，混匀后吸取 1 mL 菌液至 10^{-2} 试管中。再取一支无菌移液管，在 10^{-2} 试管中吹吸数次，混匀后吸取 1 mL 菌液至 10^{-3} 试管中。再取一支无菌移液管，在 10^{-3} 试管中吹吸数次，混匀后吸取 1 mL 菌液至 10^{-4} 试管中。如图 7-5 所示。

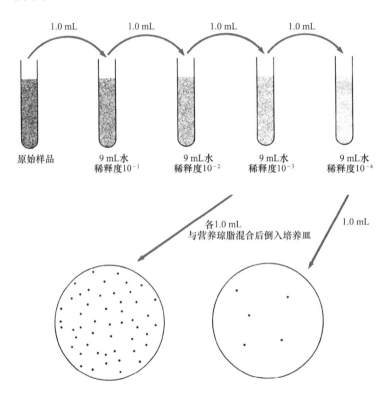

图 7-5　菌液的稀释

（3）用无菌移液管分别吸取 10^{-2}、10^{-3}、10^{-4} 三个稀释度的菌液各 1 mL，加入相应编号的营养琼脂平板中。

（4）用无菌涂布棒涂抹均匀（涂抹不同稀释度菌液要用不同的涂布棒）。

（5）待菌液完全被培养基吸收后，将平板倒置于 37 ℃ 培养箱中培养。

6. 倾注分离法

（1）熔化培养基。100 ℃ 水浴或电炉加热熔化营养琼脂培养基，将熔化的培养基放于 45 ℃ 水浴中保温待用。

（2）取 4 支各装有 9 mL 无菌水的试管，依次编号 10^{-1}、10^{-2}、10^{-3}、10^{-4}，再取 3 个无

菌空平板,分别编号 10^{-2}、10^{-3}、10^{-4}。

(3)稀释菌液。取 1 支无菌移液管,按无菌操作的方法吸取 1 mL 菌液于 10^{-1} 试管中。另取一支无菌移液管,在 10^{-1} 试管中吹吸数次,混匀后吸取 1 mL 菌液至 10^{-2} 试管中。再取一支无菌移液管,在 10^{-2} 试管中吹吸数次,混匀后吸取 1 mL 菌液至 10^{-3} 试管中。再取一支无菌移液管,在 10^{-3} 试管中吹吸数次,混匀后吸取 1 mL 菌液至 10^{-4} 试管中。

(4)用无菌移液管分别吸取 10^{-2}、10^{-3}、10^{-4} 三个稀释度的菌液各 1 mL,加入相应编号的空平板中。

(5)取保温于 45 ℃水浴中的营养琼脂培养基倒入上述平板中,每板倒入 15～20 mL 培养基,立即平面旋摇,使菌液与培养基充分混匀,盖上平板盖子。

(6)待培养基凝固后,将平板倒置于 37 ℃培养箱中培养。

五、注意事项

1.接种环或接种针在接种前、后均要消毒。

2.接种环消毒后伸入菌种管蘸取菌种之前,应触碰一下试管内壁,以冷却铂丝,使其不至于烫伤菌种。

3.用接种环在培养基表面划线分离时,不能用力过大,以免划破培养基。

4.培养皿一定要倒置培养。

5.混合菌液与培养基时注意不能摇出气泡。

6.用过的沾菌的吸管和涂布棒应放入 0.1%的新洁尔灭溶液中浸泡 10 min 以后才能清洗。

六、思考题

1.为什么接种环在接种前、后都要消毒?

2.固体琼脂平板为什么要倒置培养?

3.实验室常用哪几种方法分离纯种细菌?

实验八

微生物显微镜直接计数法

一、实验目的

1. 了解血细胞计数板的构造及其计数原理和方法。
2. 掌握用显微镜直接测定微生物总数的方法。

二、实验原理

血细胞计数板（又称血球计数板）是一块特制的厚载玻片，载玻片上的 4 条槽将其分隔成 3 个平台（图 8-1,a）。中间的平台较宽，其中间又被一短横槽分隔成两半，每个半边上面各有一个方格网（图 8-1,b）。每个方格网共分 9 个大方格，其中间的大方格（称为计数室）常被用作微生物的计数。计数室的刻度有两种：一种是大方格分为 16 个中方格，而每个中方格又分成 25 个小方格（图 8-1,c）；另一种是大方格分成 25 个中方格，而每个中方格又分成 16 个小方格（图 8-1,d）。但是不管计数室是哪一种构造，它们都有一个共同特点，即每个大方格都由 400 个小方格组成。

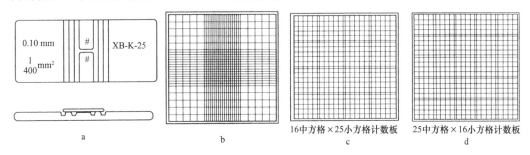

图 8-1 血球计数板构造

计数室的截面边长为 1.0 mm，深度为 0.1 mm，故体积为 0.1 mm³。只要在显微镜下计算出计数室内微生物的个数，再按照规定方法及公式进行计算，即可得出实际数值。

这种计数方法会将死、活细胞均计数在内，为了容易计数，计数前需对样品做适当稀释。

三、实验器材及试剂

显微镜、血细胞计数板、滴管、擦镜纸、酿酒酵母菌菌悬液、0.1%亚甲蓝染液、生理盐水等。

四、实验步骤

1. 稀释

取酿酒酵母菌菌悬液一管,加生理盐水适当稀释,以每小格中菌数为5～10个为宜。

2. 染色

往酿酒酵母菌菌悬液中加入0.5 mL 0.1%亚甲蓝染液,摇匀,使酿酒酵母菌液着色。

3. 加样

取干净的血细胞计数板,盖上盖玻片,用无菌滴管由盖玻片边缘滴一小滴(不宜过多)着色菌液,让菌悬液自行渗入,并充满计数室,注意不可有气泡产生。

4. 显微计数

静置5 min后,将血细胞计数板置于显微镜载物台上,先用低倍镜找到计数室所在位置,然后换成高倍镜进行计数。一般以每小格内有5～10个菌体为宜。计数需重复两次,若两次数据相差过大,则需重复计数。

如果使用16中方格×25小方格的计数板,要按对角线方位左上、右上、左下、右下4个中方格(即100个小方格)的酿酒酵母菌计数。如果使用25中方格×16小方格的计数板,除了取其4个角方位外,还需再数中央一个中方格(即80个小方格)的酿酒酵母菌计数。

5. 计算

16中方格×25小方格的计数板:

$$菌数/mL = \frac{100个小方格内菌数}{100} \times 400 \times 10^4 \times 稀释倍数 \tag{8-1}$$

25中方格×16小方格的计数板:

$$菌数/mL = \frac{80个小方格内菌数}{80} \times 400 \times 10^4 \times 稀释倍数 \tag{8-2}$$

五、注意事项

1. 若发现菌悬液太稀或太浓,应重新稀释。

2. 计数时,应按一定顺序进行,对于压线的细胞,可按"计数上与右,不计下与左"的原则,以免重复计数。

3. 应适当使用调节器调节焦距,将处于不同深度的细胞全部计算在内。

4. 清洗计数板时,切记勿用硬物洗刷。

5. 活细胞的折光率和水的折光率相近,观察时应适当调小虹彩光圈并减弱光照亮度。

六、思考题

1. 用血细胞计数板计算每毫升酿酒酵母菌菌悬液中含有多少个酵母菌(可参照表 8-1 设计记录表格)。

表 8-1   每毫升酿酒酵母菌菌悬液中酵母菌数测定结果

实验	各种格中的菌数					稀释倍数	酿酒酵母悬液中菌数	平均值
	左上	右上	左下	右下	中			
第一次								
第二次								

2. 根据你的实验体会,说明采用血细胞计数板进行微生物计数时的误差来自哪些方面以及应如何避免。

实验九

微生物大小的测定

一、实验目的

1. 学习并掌握用显微测微尺测定微生物大小的原理和方法。
2. 增强微生物细胞大小的感性认识。

二、实验原理

微生物细胞的大小可以用测微尺来测量。测微尺由目镜测微尺和镜台测微尺组成（图 9-1），目镜测微尺是一块圆形玻片，中央 5 mm 长分成 50 等份。使用时，将其放在目镜中的隔板上。镜台测微尺是中央部分刻有精确等分线的载玻片。每 1 mm 等分为 100 小格，每小格等于 0.01 mm，是专门用来校正目镜测微尺的。

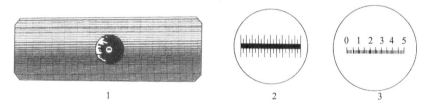

图 9-1　目镜测微尺与镜台测微尺
1—带镜台测微尺的载玻片；2—镜台测微尺；3—目镜测微尺

镜台测微尺是放在载物台上，与细胞标本同位置，因此它与细胞同放大倍数，从镜台测微尺上得到的读数就是细胞的真实大小。在一定放大倍数下，先用镜台测微尺校正目镜测微尺，求出目镜测微尺每格所代表的实际长度，然后移去镜台测微尺，换上待测标本，用目镜测微尺测出细胞的大小，根据目镜测微尺每格所代表的实际长度，就可求出细胞的实际大小。如：目镜测微尺的 10 小格正好等于镜台测微尺的 4 小格（图 9-2），已知镜台测微尺每格为 10 μm，则 4 小格的长度为 $4 \times 10 = 40(\mu m)$，那么目镜测微尺上每格的实际长度为 $40 \div 10 = 4$ μm。

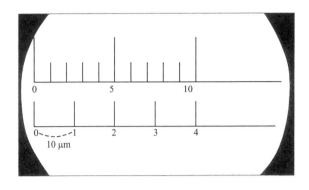

图 9-2 目镜测微尺与镜台测微尺的校正

三、实验器材及试剂

酿酒酵母菌菌悬液、显微镜、目镜测微尺、镜台测微尺、接种环、载玻片、盖玻片等。

四、实验步骤

1. 目镜测微尺的安装

取下目镜,将目镜测微尺放在目镜的中隔板上,使有刻度的一面朝下(图 9-3)。

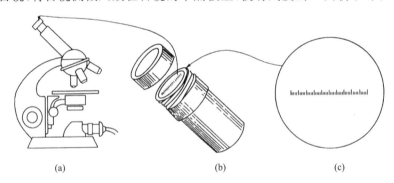

(a)   (b)   (c)

图 9-3 目镜测微尺的安装

2. 镜台测微尺的安装

将镜台测微尺置于显微镜的载物台上,使有刻度的一面朝上。

3. 目镜测微尺的校正

(1)先用低倍镜观察,待看清镜台测微尺的刻度后,将镜台测微尺移至视野中央,调准焦距,看清镜台测微尺的刻度后,转动目镜,使目镜测微尺的刻度与镜台测微尺的刻度相平行,并使两尺的左边第一条线相重合,再向右寻找另外两条重合的刻度线,记录两重叠刻度线间的目镜测微尺与镜台测微尺的格数,由下列公式算出目镜测微尺每格所代表的长度。

$$目镜测微尺每格所代表的长度 \ l(\mu m) = \frac{两重叠刻度线间镜台测微尺的格数 \times 10}{两重叠刻度线间目镜测微尺的格数} \quad (9\text{-}1)$$

(2)转换高倍镜校正。

(3)在镜台测微尺盖玻片上滴加香柏油,然后转换油镜校正。

4.细菌的大小测定

(1)取下镜台测微尺,换上细菌标本。

(2)测量细菌的长度占目镜测微尺的格数 n,然后算出菌体的实际长度 $L(\mu m)$。

$$L＝nl \tag{9-2}$$

5.取平均值

在同一标本上测量 10 个细胞,取平均值。

五、注意事项

标定后的目镜测微尺的长度仅适用于标定时所用的显微镜的目镜和物镜的放大倍数。若更换物镜或目镜,则必须再进行校正标定。

六、思考题

1.为什么更换不同放大倍数的目镜和物镜时,必须用镜台测微尺重新对目镜测微尺进行校正?

2.将目镜测微尺的校正结果填入表 9-1。

表 9-1　　　　　　　　　　　目镜测微尺的校正结果

物镜	物镜倍数	目镜测微尺格数	镜台测微尺格数	目镜测微尺每小格代表长度/μm
低倍	10			
高倍	40			

3.在高倍镜下测量酵母菌大小,将结果填入表 9-2。

表 9-2　　　　　　　　　　高倍镜下酵母菌大小的测量结果

酵母菌编号	目镜测微尺每格代表的长度	宽度		长度		菌体大小宽×长/($\mu m \times \mu m$)
		目镜测微尺格数	宽度/μm	目镜测微尺格数	长度/μm	
1						
2						
3						
4						
5						
平均						

实验十

菌种保藏

一、实验目的

1. 了解菌种保藏的目的、原理。
2. 学习并初步掌握几种菌种保藏的方法。

二、实验原理

菌种保藏的原理是创造一个适合于微生物休眠的环境,即使微生物代谢作用相对地处于最不活跃状态,如低温、干燥、缺氧等,以利于降低菌种的变异。

菌种的保藏方法有很多,常用的有斜面低温保藏法、沙土保藏法、穿刺保藏法、冷冻真空干燥保藏法、液体石蜡保藏法、甘油管保藏法等。由于这些保藏法不需要特殊的实验设备,操作简便,因此被一般发酵工业及实验室广泛采用。

三、实验器材及试剂

1. 菌种

细菌、酵母菌、霉菌及放线菌斜面菌种。

2. 培养基和试剂

肉汤蛋白胨斜面培养基、脱脂奶粉、灭菌水、化学纯的液体石蜡、甘油、河沙、瘦黄土或红土、冰块、食盐、干冰、95％乙醇、10％盐酸、无水氯化钙等。

3. 其他

无菌吸管、无菌滴管、无菌培养皿、管形安瓿管、泪滴形安瓿管、40 目和 100 目筛子、干燥器、真空泵、真空表、喷灯、L 形五通管、冰箱、低温冰箱等。

四、实验步骤

下列各法可根据实验室具体条件与需要选择。

1.斜面低温保藏法

（1）接种

取各种无菌斜面试管数支,将待保藏的菌种用接种环以无菌操作法接种在贴有菌株名称及接种日期标签的试管斜面上。细菌和酵母菌均采用对数生长期的细胞,放线菌和霉菌采用成熟的孢子。

（2）培养

细菌在 37 ℃中恒温培养 18～24 h,酵母菌在 28～30 ℃中培养 36～60 h,放线菌和霉菌在 28 ℃中培养 4～7 d。

（3）保藏

待斜面菌种长好后,可直接放入 4 ℃冰箱保藏,试管口棉塞部分用牛皮纸包扎好或换用无菌胶塞。

此方法保藏菌种的时间因微生物种类不同而不同,酵母菌、放线菌、霉菌及有芽孢细菌可保存 2～4 个月移种一次,而不产芽孢的细菌最好每月移种一次。

2.液体石蜡保藏法

（1）液体石蜡灭菌

将液体石蜡分装于三角瓶内,塞上棉塞并用牛皮纸包扎,121 ℃灭菌 30 min,然后放在 100 ℃ 烘箱内烘干备用。

（2）培养

将需要保藏的菌种,在最适宜的斜面培养基中培养,使得到健壮的菌体或孢子。

（3）液体石蜡封管

用无菌吸管吸取无菌液体石蜡,注入已长好菌的斜面上。其用量以高出斜面顶端 1 cm 为准,使菌种与空气隔绝。

（4）保藏

将试管直立,置低温或室温下保存。

3.沙土保藏法

（1）处理河沙

取河沙加入 10%盐酸,加热煮沸 30 min,以去除其中的有机质。倒去酸水,用自来水冲洗至中性。烘干,用 40 目筛子过筛,以去除粗颗粒,备用。

（2）处理土

另取非耕作层的不含腐植质的瘦黄土或红土,加自来水浸泡洗涤数次,直至中性。烘干,碾碎,用 100 目筛子过筛,以去除粗颗粒,备用。

（3）沙土灭菌

按一份土、三份沙的比例(或根据需要而用其他比例,甚至可全部用沙或全部用土)掺和均匀,装入(ϕ10×100 mm)的小试管或安瓿管中,每管装 1 g 左右,塞上棉塞,进行灭菌,烘干。

（4）沙土无菌检查

每 10 支沙土管抽一支,将沙土倒入肉汤培养基中,37 ℃培养 48 h,若仍有杂菌,则须全部重新灭菌,再做无菌实验,直至证明无菌,方可备用。

（5）制孢子悬液

选择培养成熟的(一般指孢子层生长丰满的,营养细胞用此法效果不好)优良菌种,以无菌水清洗,制成孢子悬液。

（6）接种

于每支沙土管中加入约 0.5 mL(一般以刚刚使沙土润湿为宜)孢子悬液,以接种针拌匀。

（7）真空干燥

放入真空干燥器内,用真空泵抽干水分,抽干时间越短越好,务必使其在 12 h 内抽干。

（8）杂菌检查

每 10 支抽取一支,用接种环取出少数沙粒,接种于斜面培养基上,进行培养,观察生长情况和有无杂菌生长,如出现杂菌或菌落数很少或根本不长,则说明制作的沙土管有问题,必须进一步抽样检查。

（9）熔封保存

若经检查没有问题,用火焰熔封管口,放冰箱或室内干燥处保存。每半年检查一次活力和杂菌情况。

（10）复活

需要使用菌种,复活培养时,取沙土少许移入液体培养基内,置温箱中培养。

4. 冷冻真空干燥保藏法

（1）准备安瓿管

选用内径 5 mm,长 10.5 cm 的硬质玻璃试管,用 10% 的 HCl 浸泡 8～10 h 后,用自来水冲洗多次,最后用去离子水洗 1～2 次,烘干。将印有菌名和接种日期的标签放入安瓿管内,有字的一面朝向管壁。管口加棉塞,121 ℃灭菌 30 min。

（2）制备脱脂牛奶

将脱脂奶粉配制成 20% 乳液,然后分装,121 ℃灭菌 30 min,并做无菌实验。

（3）准备菌种

选用无污染的纯菌种。培养时间:一般细菌为 24～48 h,酵母菌为 3 d,放线菌与丝状真菌为 7～10 d。

（4）制备菌液及分装

吸取 3 mL 无菌脱脂牛奶直接加入斜面菌种管中,用接种环轻轻搅动菌落,再用手摇动试管,制成均匀的细胞或孢子悬液。用无菌的长滴管将菌液分装于安瓿管底部,每管装 0.2 mL。

（5）预冻

将安瓿管外的棉花剪去并将棉塞向里推至离管口约 15 mm 处,再通过乳胶管把安瓿管连接于总管的侧管上,总管则通过厚壁橡皮管及三通短管与真空表及干燥瓶、真空泵相连接,并将所有安瓿管浸入装有干冰和 95% 乙醇的预冷槽中,此时,槽内温度可达 $-50～-40$ ℃,只需冷冻 1 h 左右,即可使悬浮液冻成固体。

（6）真空干燥

完成预冻后，升高总管使安瓿管仅底部与冰面接触，此时温度约为－10 ℃，以保持安瓿管内的悬浮液仍呈固体状态。开启真空泵后，应在5～15 min内使真空度达66.7 Pa以下，使被冻结的悬液开始升华，当真空度达到26.7～13.3 Pa时，冻结样品逐渐被干燥成白色片状，此时使安瓿管脱离冰浴，在室温（25～30 ℃）下，升温可加速样品中残余水分的蒸发。总干燥时间应根据安瓿管的数量，悬浮液装置及保护剂性质来定，一般为3～4 h。

（7）封口

样品干燥后继续抽真空达1.33 Pa时，在安瓿管棉塞的稍下部位用酒精喷灯火焰灼烧，拉成细颈并熔封，然后置于4 ℃冰箱中保藏。

（8）恢复培养

用75％乙醇消毒安瓿管外壁后，在火焰上烧热安瓿管上部，然后将无菌水滴在烧热处，使管壁出现裂缝，放置片刻，让空气从裂缝中缓慢进入管内后，将裂口端敲断，这样可以防止空气因突然开口而进入管内使菌粉飞扬。将合适的培养液加入冻干样品中，使干粉充分溶解，再用无菌水的长颈滴管吸取菌液至合适培养基中，放置在最合适温度下培养。

冷冻干燥保藏法综合利用了各种有利于菌种保藏的因素，如低温、干燥和缺氧等，是目前最有效的菌种保藏方法之一。保存时间可达10年以上。

五、注意事项

1.斜面低温保藏法仅适合短期保藏菌种。

2.液体石蜡保藏法并不适用所有菌种的保藏，如固氮菌属、肠道细菌、乳酸杆菌属和葡萄球菌属等，不可以使用该方法保藏。

3.沙土保藏法只适用于保藏有孢子或芽孢的菌种，不适合担子菌以及只靠菌丝繁殖的真菌与无芽孢的细菌和酵母菌。

4.不同的菌种对冷冻干燥的反应不一，虽然冷冻干燥保藏法适用范围广，但并不适用所有菌种。如霉菌、菇类和藻类就不适用。

六、思考题

1.常用的细菌菌种，应用哪一种方法保藏既好又简便？

2.用斜面低温保藏法保藏菌种，为什么菌种容易变异和容易污染杂菌？

3.菌种保藏记录见表10-1。

表 10-1　　　　　　　　　　菌种保藏记录

接种日期	菌种名称	培养条件		保藏方法	保藏温度	备注
		培养基	培养温度			

实验十一

环境因素对微生物生长的影响

一、实验目的

1. 了解温度、pH、紫外线和某些化学药剂对微生物生长的影响与作用机制。

2. 掌握研究环境因素对微生物生长影响的实验方法。

二、实验原理

环境中多种物理、化学因素都会影响微生物的生命活动,如温度、水分、pH、氧含量、紫外线以及各种化学药剂等。

微生物的生命活动必须在一定温度范围内进行,温度过高或过低,均会影响其代谢方式、生长速率,甚至可能使微生物死亡。微生物生长最快时的温度就是微生物最适生长温度。

微生物作为一个整体,其生长的 pH 范围极广(2~10),但绝大多数微生物的生长 pH 范围在 5~9。微生物生长最快时的 pH 就是微生物最适生长 pH。

某些化学药剂能够抑制或杀灭微生物,其效应强弱与试剂类型、浓度、作用时间及作用对象有关,有些药剂在浓度极低的情况下仍然有较强的作用。杀菌剂的浓度、作用时间由实验确定。

三、实验器材及试剂

大肠杆菌、酒精灯、无菌吸管、试管、冰箱、培养箱、pH 试纸、玻璃棒、营养肉汤培养基、1 mol/L HCl、1 mol/L NaOH、无菌水、0.1%新洁尔灭、碘酒等。

四、实验步骤

(一)温度对微生物生长的影响

1.接种:在营养琼脂试管斜面上接种大肠杆菌 4 支,并做好标记:4 ℃、20 ℃、37 ℃、60 ℃。

2.培养:将已接种的试管分别置于 4 ℃、20 ℃、37 ℃、60 ℃四种温度下培养。

3.结果观察:培养 48 h 后观察细菌生长情况并记录。

(二)pH 对微生物生长的影响

1.制备菌悬液:取 10 mL 无菌水于试管中,用 0.1 mL 无菌吸管吸取大肠杆菌菌液 1 mL,加入试管,混合均匀,制成悬液。

2.接种:用 1 mL 无菌吸管吸取配制好的大肠杆菌菌悬液 0.1 mL,在 pH 分别为 1、7、12 的营养肉汤培养基上,各接种 0.1 mL,并做好标记。

3.培养:将已接种的试管置于 37 ℃下培养。

4.结果观察:培养 48 h 后观察细菌生长情况并记录。

(三)紫外线对微生物生长的影响

1.倒平板:电炉加热使培养基熔化,将已熔化的培养基冷却至 50 ℃左右,倒平板 1 皿,待凝固备用。

2.制备菌悬液:取 10 mL 无菌水于试管中,用 1 mL 无菌吸管吸取大肠杆菌菌液 0.1 mL,加入试管,混合均匀,制成悬液。

3.接种:用 1 mL 无菌吸管吸取制好的菌悬液 0.1 mL,加于凝固好的平板上,立即用无菌涂布棒涂抹均匀。

4.紫外线处理:打开培养皿盖,用无菌锡箔纸遮盖半个平板,于紫外灯下照射 20 min,培养皿距紫外灯 30~40 cm。照射完毕,取出锡箔纸,盖上皿盖。

5.培养:将平皿倒置于 37 ℃培养箱培养 48 h。

6.结果观察:观察平板上是否有纸形图案的细菌生长图像。

(四)化学药剂对微生物生长的影响

1.标记培养皿:在无菌培养皿底部找 3 个独立区域,用记号笔注明"1""2""3"。

2.接种:用 1 mL 无菌吸管吸取制备好的大肠杆菌菌悬液 0.1 mL 加入培养皿内,再倾注入融化并冷却到 50 ℃的营养琼脂培养基,摇匀。

3.加滤纸:待培养基凝固后,用无菌镊子取圆形滤纸片 3 张,一张蘸无菌水(10 mL 无菌水试管),其余两张分别蘸 0.1%新洁尔灭和碘酒,分别放于标有"1""2""3"位置的培养基上。

　　4.培养:将平板倒置于 37 ℃培养箱内培养 48 h。

　　5.结果观察:观察平板是否有抑菌圈,并通过抑菌圈直径的大小推断药剂抑菌作用的强弱。

五、注意事项

　　尽量选择对数生长期的微生物进行实验。

六、思考题

　　1.根据实验结果,确定最适于大肠杆菌生长的温度和 pH 分别是多少?

　　2.化学药剂对微生物所形成的抑菌圈内未长菌,是否能说明微生物细胞已被杀死?

　　3.紫外线照射时,为什么要除掉皿盖?

第二部分　食品微生物学实验方法与技术

实验十二

酸乳的制作与乳酸菌单菌株发酵

一、实验目的

1. 能够顺利进行酸乳制品的制作。
2. 掌握乳酸菌的分离纯化过程,加深对乳酸菌形态的认识。
3. 了解对比实验与感官评定的基本方法。

二、实验原理

市售的酸乳中含有活性的保加利亚乳杆菌和嗜热链球菌等,取样后在无菌条件下接种到鲜乳中,42 ℃培养8～9 h,依靠微生物的协同发酵作用发生一系列生化反应,冷藏过夜后即成酸乳。

三、实验器材及试剂

1. 酸乳菌种

酸乳菌种从市售酸乳或酸乳饮料中分离。

2. 培养基

(1)酸乳发酵培养基

酸乳发酵培养基采用市售牛乳。

(2)分离乳酸菌培养基

①200 g马铃薯(去皮)煮出汁,脱脂鲜乳100 mL,酵母膏5 g,琼脂20 g,加水至1 000 mL,调节pH至7.0。配制平皿培养基时,牛乳与其他成分分开灭菌,在倒平板前混合。

②牛肉膏0.5%,酵母膏0.5%,蛋白胨1%,葡萄糖1%,乳糖0.5%,氯化钠0.5%,琼脂2%,调节pH至6.8。

③番茄汁400 mL,蛋白胨10 g,胨化牛乳10 g,蒸馏水1 000 mL。

3. 其他

优质全脂乳粉和蔗糖、无菌血浆瓶(250 mL)、无菌移液管、恒温水浴锅、培养箱、冰箱等。

四、实验步骤

1. 酸乳的制作

(1)配料的混合调配

取市售牛乳加入5%～6%的蔗糖,搅拌均匀;或按乳粉:水=1:7的比例将优质全脂乳粉配成复原牛乳,并加入5%～6%的蔗糖。

(2)装瓶

在血浆瓶中加入牛乳200 mL。

(3)水浴灭菌

将血浆瓶置于80 ℃水浴锅,保持15 min。

(4)冷却

取出血浆瓶,用自来水冲淋血浆瓶,使消毒牛乳冷却至45 ℃。

(5)接种

按5%～10%接种量,将市售酸乳接种到冷却至45 ℃的牛乳中,充分振摇,使接入的酸乳与冷却后的牛乳混合均匀。

(6)培养

将接种后的血浆瓶置于40～42 ℃的培养箱中培养3～4 h,使乳酸菌大量繁殖,当出现凝固时结束培养。

(7)冷藏

将培养后的乳酸菌置于4～7 ℃的冰箱中24 h,使乳酸菌发酵产生酸乳风味物质,完成酸乳的后熟作用。

(8)品评鉴定

进行酸乳的感官质量检验,了解其凝块状态、表层光洁度、酸度以及香味等。

2. 单菌株发酵实验

(1)酸乳中乳酸菌种的分离纯化

将市售酸乳做适当稀释,稀释后酸乳在牛肉膏蛋白胨乳糖培养基或番茄汁培养基平板上涂布接种或划线接种,并放入恒温培养箱中,37 ℃恒温培养。观察稀释后酸乳平板培养情况,筛选出乳酸菌的单菌落。再划线接种于马铃薯汁平板培养基上,37 ℃恒温培养。经2～3 d培养后,观察平板上的菌落形态方面的差异,一般有以下几种类型:

①扁平型菌落。横截面直径为2～3 mm,边缘不整齐,很薄,近似透明状,染色镜检为杆状。

②半球状隆起菌落。横截面直径为1～2 mm,隆起成半球状,高约0.5 mm,边缘整齐且四周可见酪蛋白水解透明圈,染色镜检为链球状。

③礼帽形突起菌落,横截面直径为1～2 mm,边缘基本整齐,菌落中央呈隆起状,四周较薄,也有酪蛋白透明圈,染色镜检也为链球状。

(2)单菌株发酵

分别将上述单菌落接入已经消毒的市售牛乳中活化增殖,以10%的接种量接入已经

消毒的牛乳中,分别在 37 ℃和 45 ℃下恒温培养,出现凝固时即发酵完成。置于 4～7 ℃
的冰箱中 24 h 完成酸乳的后熟作用。

3. 感官质量评定

单菌株酸乳制品品质可通过凝乳情况、口感、香味、异味、pH、菌种的繁殖速度与保
存期限等几个方面综合评价每一个单菌落发酵形成的酸乳制品。通过对每个单菌株发
酵形成的酸乳制品感官质量品评,确定最佳菌种。同时与本实验第 1 步中制作的酸乳做
对比,找出差异。

五、注意事项

1. 制作酸乳应选用优良的乳酸菌,使酸乳具有良好的口感。
2. 经品尝和检验,合格的酸乳应在 4 ℃条件下冷藏,可保存 6～7 d。

六、思考题

1. 制作酸乳制品的关键操作是什么?
2. 讨论分析感官评定结果。
3. 用筛选出来的菌种或其他市售益生菌设计一个生活中最佳菌种配比的酸乳制品
制作方案。

实验十三

食品中细菌总数的监测

一、实验目的

1. 学习并掌握细菌的分离以及活菌计数的原理和基本方法。
2. 了解菌落总数测定在对被检样品进行卫生学评价中的意义。

二、实验原理

菌落总数是指食品经过处理并在一定条件下培养后,所得 1 g 或 1 mL 检样中所含细菌菌落的总数。菌落总数主要作为判别食品被污染程度的标志,也可以应用这一方法观察细菌在食品中繁殖的动态过程,以便在对被检样品进行卫生学评价时提供依据。

菌落总数并不表示样品中实际存在的所有细菌总数,也不能区分其中细菌的种类,所以有时也被称为杂菌数、需氧菌数等。

三、实验器材及试剂

食品检样、生化培养箱、酒精灯、平板计数琼脂培养基、无菌生理盐水、无菌培养皿、无菌镊子、无菌剪刀、无菌移液管、无菌玻璃棒等。

四、实验步骤

菌落总数的检验程序如图 13-1 所示。

1. 熔化培养基:电炉加热使培养基熔化。

2. 待检样品处理:以无菌操作取检样 25 g(或 mL),放入盛有 225 mL 灭菌生理盐水的三角瓶中,经充分振摇或研磨制成 1∶10 的均匀稀释液。

3. 样品稀释:用 1 mL 灭菌吸管吸取 1∶10 稀释液 1 mL,沿管壁缓慢注入含有 9 mL 灭菌生理盐水的试管内,振摇试管使二者混合均匀,制成 1∶100 的稀释液。另取 1 mL 灭菌吸管,按上述操作顺序,配制 10 倍递增稀释液,如此每递增稀释一次即换用 1 支

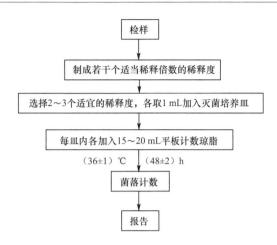

图 13-1　菌落总数的检验程序

10 mL 移液管。

4.根据测定的标准要求或对污染情况的估计,选择 2～3 个适宜稀释度,每个稀释度的样品吸取 1 mL 到灭菌培养皿中,每个稀释度做两个平板,并用记号笔标注浓度标记。

5.吸取 1 mL 稀释液,加入灭菌培养皿中做空白对照。

6.将已溶化并冷却至略低于 46 ℃ 的平板计数琼脂培养基倒入培养皿,每皿约 15 mL,并趁热转动培养皿混合均匀。

7.待琼脂凝固后,将培养皿倒置于(36±1) ℃培养箱内培养(48±2) h。取出计算平板内菌落数目,再乘以稀释倍数,即得每 g(或每 mL)样品所含菌落总数。

8.菌落总数的计算方法

①选取菌落数在 30～300 CFU 且无蔓延生长的平板计数。

②低于 30 CFU 的平板记录具体菌落数,大于 300 CFU 的可记录为"多不可计"。每个稀释度的菌落数应采用两个平板的平均数。

③其中一个平板有较大片状菌落生长时,则不宜采用,而应以无片状菌落生长的平板作为该稀释度的菌落数;若片状菌落不到平板的一半,而其余一半中菌落分布又很均匀,则可计算半个平板后乘以 2,代表一个平板菌落数。

④当平板上出现菌落间无明显界线的链状生长时,则将每条单链作为一个菌落计数。

⑤若只有一个稀释度的菌落数在适宜计数范围内,则计算该稀释度两个平板菌落数的平均值,再将平均值乘以相应稀释倍数,作为每 g(或每 mL)样品中菌落数结果。

⑥若有两个连续稀释度的平板菌落数在适宜计数范围内,则按公式(13-1)计算。

$$N = \frac{\sum C}{(n_1 + 0.1 n_2)d} \tag{13-1}$$

式中　N——样品中菌落数;

　　$\sum C$—— 平板(含适宜范围菌落数的平板)菌落数之和;

n_1——第一稀释度(低稀释倍数)平板个数;

n_2——第二稀释度(高稀释倍数)平板个数;

d——稀释因子(第一稀释度)。

⑦若所有稀释度的平板上菌落数均大于 300 CFU,则对稀释度最高的平板进行计数,其他平板可记录为"多不可计",结果按平均菌落数乘以最高稀释倍数计算。

⑧若所有稀释度的平板菌落数均小于 30 CFU,则应按稀释度最低的平均菌落数乘以稀释倍数计算。

⑨若所有稀释度(包括液体样品原液)平板均无菌落生长,则以小于 1 乘以最低稀释倍数计算。

⑩若所有稀释度的平板菌落数均不在 30～300 CFU,且其中一部分小于 30 CFU,而另一部分大于 300 CFU,则以最接近 30 CFU 或 300 CFU 的平均菌落数乘以相应稀释倍数计算。

9.菌落总数的结果报告

①菌落数小于 100 CFU 时,按"四舍五入"原则修约,采用两位有效数字报告。

②菌落数大于或等于 100 CFU 时,第 3 位数采用"四舍五入"原则修约后,取前 2 位数字,后面用 0 代替位数;也可用 10 的指数形式来表示,按"四舍五入"原则修约后,采用两位有效数字报告。

③若所有平板上为蔓延菌落而无法计数,则报告"菌落蔓延"。

④若空白对照上有菌落生长,则此次检测结果无效。

⑤称重取样以 CFU/g 为单位报告,体积取样以 CFU/mL 为单位报告。

将实验测出的样品数据以表 13-1 所示报表方式报告结果,并对样品菌落数做出是否符合卫生要求的结论。

表 13-1   样品细菌总数测定结果

样品名称	稀释度及菌落数					菌落总数/ $(CFU \cdot mL^{-1})$	结论
	原液	10^{-1}	10^{-2}	10^{-3}	10^{-4}		

五、注意事项

1.检样中所用的器具都必须洗净、烘干、灭菌,既不能存在活菌,也不能残留抑菌物质。

2.应注意采样的代表性。

3.为减小误差,在连续进行稀释时,应使吸管内的液体沿管壁流入生理盐水中,勿使吸管尖端进入稀释液内,以免吸管外部附着的检测液溶入其内,造成误差。

4.为减小误差,严格按照无菌操作进行。

5.认真检查实验器材有无破损,以防丢失样品和污染环境。

6.注意菌液的均匀分散。

7.稀释或取液时要准确,尽量减小吸管使用中产生的误差。

8.每吸取一个稀释度样液,必须更换一支吸管,以减小误差。

9.样液接种于培养皿后,应尽快倾注营养琼脂,避免样液干燥于培养皿上,影响结果的准确性。

10.倾注平板计数琼脂培养基温度不得超过 46 ℃,以防损伤细菌。倾注和摇动时,动作应尽量平稳,以利于细菌分散均匀,便于计数菌落。勿使培养基外溢,以免影响结果的准确性和造成环境的污染。

11.结果计算时,必须核准稀释倍数,以免计算错误。

六、思考题

1.实验操作中如何使数据可靠?

2.食品中检出的菌落总数是否代表该食品上的所有细菌数?为什么?

实验十四

食品中大肠菌群的检测

一、实验目的

1. 学习和掌握食品中大肠菌群的检测方法。
2. 掌握食品中大肠菌群检测结果的报告方式。

二、实验原理

大肠菌群是指一群在 32～37 ℃下 24 h 内，能发酵乳糖、产酸、产气、需氧或兼性厌氧的革兰氏阴性无芽孢杆菌。该菌群主要来源于人畜粪便，故以此作为粪便污染指标，来评价食品卫生质量，具有广泛的卫生学意义。

食品中大肠菌群数是以每 100 mL(g)检样内大肠菌群最近似数(MPN)来表示，据此含义，所有食品卫生标准中所规定的大肠菌群数均应为 100 mL(g)食品内允许含有大肠菌群的实际数值，为报告标准。

三、实验器材及试剂

待检食品样品、月桂基硫酸盐胰蛋白胨(LST)肉汤发酵管、煌绿乳糖胆盐(BGLB)肉汤发酵管、培养皿、试管、小倒管、移液管、锥形瓶、酒精灯等。

四、实验步骤

1. 检样处理

固态检样先适当切碎后取 25 g(或液态检样取 25 mL)，加入 225 mL 灭菌稀释液中，均质，制成 1∶10 稀释液。

2. 检样稀释

用 1 mL 灭菌移液管吸取 1∶10 稀释液，注入含有 9 mL 灭菌生理盐水试管内，振摇试管混匀，制成 1∶100 稀释液。

另取 1 mL 灭菌吸管，按上述操作依次做 10 倍递增稀释液，每递增稀释一次，换用 1 支 1 mL 灭菌吸管。

3. 初发酵实验

每个样品，选择 3 个适宜的连续稀释度的样品匀液（液体样品可以选择原液），每个稀释度接种 3 管月桂基硫酸盐胰蛋白胨(LST)肉汤发酵管内（内倒置小管），每管接种 1 mL（如接种量超过 1 mL，则用双料 LST 肉汤）。置于(36±1) ℃培养箱内培养(48±2) h，观察倒管内是否有气泡产生，如所有发酵管都不产气，则可报告大肠菌群阴性，如有产气者，则进行复发酵实验。

4. 复发酵实验

用接种环从产气的 LST 肉汤管中分别取培养物 1 环，移种于煌绿乳糖胆盐(BGLB)肉汤管中，置于(36±1) ℃培养箱内培养(48±2) h，观察产气情况。产气者，计为大肠菌群阳性管。

5. 大肠菌群最可能数(MPN)报告

根据证实为大肠菌群阳性的管数，查 MPN 检索表，报告每 g(mL)检样中大肠菌群的 MPN 值。

检验流程见图 14-1。

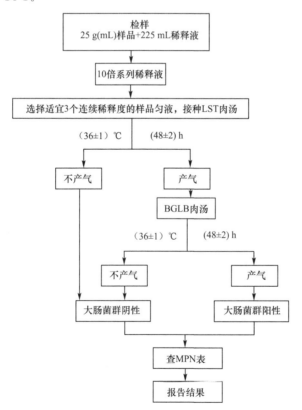

图 14-1　大肠菌群 MPN 读数法检验流程

五、注意事项

如果检测被严重污染的样品,稀释倍数可选得大些。

六、思考题

1.大肠菌群的定义是什么?

2.为什么要选择大肠菌群作为食品被肠道病原菌污染的卫生质量的重要指标?

附录　大肠菌群最可能数(MPN 检索表)

每 g(mL)检样中大肠菌群最可能数(MPN)的检索见表 14-1。

表 14-1　　　　　　　　大肠菌群最可能数(MPN)检索表

阳性管数			MPN	95%可信限		阳性管数			MPN	95%可信限	
0.1	0.01	0.001		下限	上限	0.1	0.01	0.001		下限	上限
0	0	0	<3.0	—	9.5	2	2	0	21	4.5	42
0	0	1	3.0	0.15	9.6	2	2	1	28	8.7	94
0	1	0	3.0	0.15	11	2	2	2	35	8.7	94
0	1	1	6.1	1.2	18	2	3	0	29	8.7	94
0	2	0	6.2	1.2	18	2	3	1	36	8.7	94
0	3	0	9.4	3.6	38	3	0	0	23	4.6	94
1	0	0	3.6	0.17	18	3	0	1	38	8.7	110
1	0	1	7.2	1.3	18	3	0	2	64	17	180
1	0	2	11	3.6	38	3	1	0	43	9	180
1	1	0	7.4	1.3	20	3	1	1	75	17	200
1	1	1	11	3.6	38	3	1	2	120	37	420
1	2	0	11	3.6	42	3	1	3	160	40	420
1	2	1	15	4.5	42	3	2	0	93	18	420
1	3	0	16	4.5	42	3	2	1	150	37	420
2	0	0	9.2	1.4	38	3	2	2	210	40	430
2	0	1	14	3.6	42	3	2	3	290	90	1 000
2	0	2	20	4.5	42	3	3	0	240	42	1 000
2	1	0	15	3.7	42	3	3	1	460	90	2 000
2	1	1	20	4.5	42	3	3	2	1 100	180	4 100
2	1	2	27	8.7	94	3	3	3	>1 100	420	—

注 1:本表采用 3 个稀释度[0.1 g(或 0.1 mL),0.01 g(或 0.01 mL),0.001 g(或 0.001 mL)],每个稀释度接种 3 管。

注 2:表内所列检样量如改用 1 g(或 1 mL),0.1 g(或 0.1 mL)和 0.01 g(或 0.01 mL)时,表内数字应相应降低 10 倍;如改用 0.01 g(或 0.01 mL),0.001 g(或 0.001 mL)和 0.000 1 g(或 0.000 1 mL)时,则表内数字应相应增高 10 倍,其余类推。

数据出自《食品安全国家标准　食品微生物学检验　大肠菌群计数》(GB 4789.3—2016)。

实验十五

食品接触面的微生物检测

一、实验目的

掌握食品接触面的微生物检验方法。

二、实验原理

食品接触面分为人员手、设备、器具等与食品直接接触的表面,其表面存在有微生物,为更好地控制微生物的生长繁殖,以大肠菌群为主要检测指标,检测结果应基本呈阴性(其中人员手需做菌落总数检测)。

三、实验器材及试剂

平板计数琼脂培养基、月桂基硫酸盐胰蛋白胨(LST)肉汤发酵管、煌绿乳糖胆盐(BGLB)肉汤发酵管、大肠菌群检测纸片、无菌棉球、无菌水、酒精棉球、酒精灯、镊子等。

四、实验步骤

(一)人员手检验(发酵法)

1. 样品采集

被检人双手五指并拢,用一浸湿生理盐水的棉签在右手指曲面,从指尖到指端来回涂擦 10 次,然后剪去与操作员的手接触部分棉棒,将棉签放入含 10 mL 灭菌生理盐水的采样管内。

2. 细菌菌落总数的检测

将已采集的样品在 6 h 内送实验室,每支采样管充分混匀后取 1 mL 样液,放入灭菌平皿内,倾注平板计数琼脂培养基,每个样品平行接种 2 块平皿,置于 36±1 ℃培养箱内培养 48 h,计数平板上细菌菌落数。

$$Y = A \times 10$$

式中　Y——人员手表面细菌菌落总数,CFU/只手;

　　　A——平板上平均细菌菌落数。

(二)大肠菌群的检测

1. 初发酵实验

每支采样管充分混匀后取 1 mL 样液,分别放入 10 mL 月桂基硫酸盐胰蛋白胨(LST)肉汤发酵管内(内倒置小管),每个样品平行接种 3 管,置于(36±1)℃培养箱内培养(48±2)h,观察倒管内是否有气泡产生,如所有发酵管都不产气,则可报告大肠菌群阴性,如有产气者,则进行复发酵实验。

2. 复发酵实验

用接种环从产气的 LST 肉汤管中分别取培养物 1 环,移种于煌绿乳糖胆盐(BGLB)肉汤发酵管中,置于(36±1)℃培养箱内培养(48±2)h,观察产气情况。产气者,计为大肠菌群阳性管。

(三)设备、器具等的检验(纸片法)

1. 将面积为 25 cm² 的大肠菌群检测纸片用无菌水浸湿后立即贴于被检物表面,每份检样贴 2 张,30 s 后取下,置于无菌塑料袋中。

2. 将已采样的纸片置于 37 ℃培养箱内培养 16～18 h,观察纸片颜色变化情况。若纸片保持蓝紫色不变,为大肠菌群阴性;若纸片变黄并在黄色背景上呈现红色斑点或片状红晕,为大肠菌群阳性。

五、注意事项

1. 人员手菌落总数为 CFU/只手,大肠菌群为未检出或检出。

2. 设备、器具等大肠菌群为未检出或检出。

3. 擦拭时棉签要随时转动,保证擦拭的准确性。

六、思考题

如何提高检测结果的准确性?

实验十六

罐头食品中平酸菌的检测

一、实验目的

掌握罐头食品中平酸菌的检验方法。

二、实验原理

引起罐头食品酸败变质而又不胖听(即产酸不产气)的微生物在罐头工业上称为平酸菌。它是需氧芽孢杆菌科中的一群高温型的菌种,具有嗜热、耐热的特点,其适宜生长温度为 45～60 ℃,最适生长温度为 50～55 ℃,在 37 ℃生长缓慢,多数菌种在 pH 6.8～7.2 生长良好,少数菌种能在 pH 5.0 生长,广泛分布于土壤、灰尘和各种变质食品中。造成罐头食品平盖酸败的细菌主要有二种:即嗜热脂肪芽孢杆菌和凝结芽孢杆菌。

嗜热脂肪芽孢杆菌:革兰氏阳性菌,能运动,周生鞭毛。最低生长温度为 28 ℃,最适生长温度为 50～60 ℃,最高生长温度为 70～75 ℃。能够使葡萄糖产酸,水解淀粉。在 pH 6.8～7.2 的培养基中生长良好,当 pH 接近 5.0 时就不能生长。因此这种菌只能在 pH 大于 5.0 的罐头食品中生长。嗜热脂肪芽孢杆菌在葡萄糖胰胨琼脂培养基上生长,但只形成针头大小的菌落,通常显示褐色。

凝结芽孢杆菌:革兰氏阳性菌,能运动,周生鞭毛。最高生长温度为 55～60 ℃,最低生长温度为 15～25 ℃。凝结芽孢杆菌在葡萄糖胰胨琼脂培养基表面生长的菌落呈圆形,不透明,淡黄色。生长在培养基深层的菌落带有绒毛状边缘,呈浅黄色至橙色。由于酸的形成,菌落周围出现一个黄色晕圈。

三、实验器材及试剂

培养基

(1)3 号葡萄糖肉汤培养基

蛋白胨 5 g、葡萄糖 5 g、酵母浸膏 1 g、牛肉膏 5 g、淀粉 1 g、黄豆浸出液 50 mL、水 1 000 mL、0.4%溴甲酚紫 4 mL。pH 7.0～7.2、115 ℃中,高压灭菌 15 min。

(2)3号培养基琼脂平板

3号葡萄糖肉汤 1 000 mL,琼脂 18～20 g。pH 7.2～7.4、121 ℃中,高压灭菌 15 min。

(3)酸性胰胨琼脂培养基

胰蛋白胨 5 g、酵母膏 5 g、葡萄糖 5 g、K_2HPO_4 4 g、水 1 000 mL、琼脂 15～20 g。pH 5.0、115 ℃中,高压灭菌 15 min。

(4)7%氯化钠肉汤

蛋白胨 10 g、牛肉膏 3 g、NaCl 75 g、蒸馏水 1 000 mL。pH 7.4、121 ℃中,高压灭菌 15 min。

(5)芽孢培养基

牛肉膏 10 g、蛋白胨 10 g、NaCl 5 g、$MnSO_4$ 0.03 g、K_2HPO_4 3 g、琼脂 25 g。pH 7.2、121 ℃中,高压灭菌 15 min。

(6)VP 培养基

蛋白胨 5 g、葡萄糖 5 g、$K_2HPO_4 \cdot 3H_2O$ 5 g、蒸馏水 1 000 mL。pH 7.2、115 ℃中,高压灭菌 15 min。

(7)西蒙柠檬酸盐培养基

NaCl 5 g、$MnSO_4 \cdot 7H_2O$ 0.2 g、$(NH_4)H_2PO_4$ 1 g、$K_2HPO_4 \cdot 3H_2O$ 1 g、柠檬酸钠 2 g、琼脂 20 g、蒸馏水 1 000 mL、1%溴百里酚蓝乙醇溶液 10 mL。pH 6.8、121 ℃中,高压灭菌 15 min。

(8)童汉蛋白胨水

蛋白胨 10 g、NaCl 5 g、蒸馏水 1 000 mL。pH 7.4、121 ℃中,高压灭菌 15 min。

(9)硝酸盐肉汤

牛肉膏 3 g、蛋白胨 5 g、硝酸钾 1 g、蒸馏水 1 000 mL。pH 7.0、121 ℃中,高压灭菌 15 min。

四、实验步骤

罐头食品平酸腐败必须通过开罐检查或细菌分离培养等才能确定,具体方法如下:

1. 试样制备

将待检罐头预先经 55 ℃中培养 5～7 d,然后开罐,取其内容物 1 mL(或 1 g)以无菌操作接种于 3 号培养基中,每罐接种 2 支。未培养的作对照。

2. 增菌培养

将接种的上述试管在 55 ℃中培养 48 h,然后观察。若指示剂由紫变黄即为阳性,同时进行涂片镜检,如阴性需继续培养 48 h。

3. 纯分离培养

将阳性培养基试管划线接种于 3 号培养基琼脂平板,55 ℃中培养 48 h,检查有无可疑菌落(菌落黄色,周围有黄色环,中心色深不透明),如有可疑菌落则接种于普通琼脂斜面培养基和芽孢斜面培养基,55 ℃中培养 24 h,涂片镜检观察有无芽孢以及芽孢的形状和位置,并同时以普通琼脂斜面培养物进行生化实验。

4.鉴定

经菌体形态和生化反应两方面鉴定。

（1）菌体形态

取样品直接涂片镜检。平酸菌为革兰氏阳性芽孢杆菌。

（2）生化反应

检查平酸腐败,可将培养过的样品与未培养过的正常对照样品的 pH 进行比较,通常足以显示出平酸腐败的存在。

取斜面培养物按表 16-1 中的项目进行鉴别。

表 16-1　　　　　　　　　平酸菌生化反应鉴别表

项目	60 ℃培养	硝酸盐	葡萄糖	靛基质	V-P反应	7%氯化钠肉汤	柠檬酸盐	酸性胰胨
嗜热脂肪芽孢杆菌	生长	d+	+	－	－	－	－	不生长
凝结芽孢杆菌	不定	d－	－	－	+	－	b	生长

注:"+"为产酸或阳性,"－"为阴性,"d+"为 50%～85%阳性,"d－"为 15%～49%阳性,"b"为 25%～49%阳性。45～55 ℃培养 3 天后无反应,报告为阴性。

五、注意事项

样品必须保管好,在采取样品和检验程序开始之间,不要在嗜热菌生长温度范围内存放很长时间,应在不超过 43 ℃的地方贮存。

随机采取库存罐头食品样品,如酸败局限于货架上箱内的外层或外层的产品,则表明是局部受热的缘故,应注意通风散热。如发现酸败局限于货架上的内部箱,则表示生产中冷却不充分,产品继续处于嗜热菌生长温度范围内。

六、思考题

1.开罐检验平酸菌前,为什么要先将待检罐头置于 55 ℃中保温 5～7 d?

2.判断平酸菌的依据是什么?

实验十七

食品中金黄色葡萄球菌的检测

一、实验目的

1. 掌握金黄色葡萄球菌的检验方法。

2. 了解金黄色葡萄球菌各检验步骤的依据及原理。

二、实验原理

在氧气充足、温度适宜、营养丰富的条件下葡萄球菌能产生脂溶性色素，色素不溶于水，在固体培养基中色素集中在菌落上，按色素的不同可将葡萄球菌分为金黄色葡萄球菌、柠檬色葡萄球菌和白色葡萄球菌。其中以金黄色葡萄球菌毒性最强，污染食品后，由于处理不当，可引起食物中毒，或引起皮肤感染而发生化脓性疾病。金黄色葡萄球菌产生的肠毒素是引起食物中毒的毒素之一。该菌产生的血浆凝固酶能使含有柠檬酸钠和葡萄糖的兔血浆凝固，因此是检验该菌的一项重要指标。

三、实验器材及试剂

食品样品、金黄色葡萄球菌、7.5％氯化钠肉汤、肉浸液肉汤、Baird-Parker 培养基、无菌生理盐水、兔血浆、革兰氏染色液、显微镜、恒温箱、离心机、无菌移液管、无菌试管、酒精灯等。

四、实验步骤

1. 以无菌操作称取检样 25 g 与 225 mL 无菌生理盐水制成混悬液。

2. 将上述混悬液 5 mL 或液体检样 5 mL 接种于 50 mL 7.5％氯化钠肉汤中，置于 37 ℃中培养 24 h。

3. 将上述培养过的氯化钠肉汤在 B-P 平板上划线分离，置于 37 ℃中培养 24 h。

4.将金黄色葡萄球菌在 B-P 平板上划线分离,置于 37 ℃中培养 24 h。

5.观察 B-P 平板上的菌落形态,金黄色葡萄球菌在 B-P 平板上典型菌落为:灰色到黑玉色,圆形,光滑突起,湿润,直径 2～3 mm,边缘常为淡色(米黄色或灰色),周围为一混浊带,在其外缘常有一透明圈。用接种针接触菌落似有黄油树胶的黏稠感。长期保存的冷冻或干燥食品中所分离的菌落,其黑色常较典型菌落淡些,且外观可能粗糙,质地较干燥。

若无上述形态菌落生长,则报告"未发现金黄色葡萄球菌"。

6.若发现上述形态可疑菌落则进行革兰氏染色并镜检。

金黄色葡萄球菌革兰氏染色为阳性,呈不规则的葡萄状排列。

7.将上述形态可疑菌落接种于肉浸液肉汤培养基,置于 37 ℃中培养 24 h。

8.取 3 支小试管,各加入兔血浆 0.5 mL 和实验菌的肉汤培养液 0.5 mL,1 号管内加入可疑菌、2 号管内加入阳性对照菌、3 号管内加入无菌肉浸液肉汤。振荡混匀。将 3 支试管同置于 37 ℃培养箱中,每 30 min 观察一次,连续观察 6 h,如出现凝块即为阳性。将可疑菌与对照菌比较观察。

9.结果判定及报告

形态和染色反应符合葡萄球菌特征,血浆凝固酶阳性,报告"发现致病性金黄色葡萄球菌"。

形态和染色反应符合葡萄球菌特征,血浆凝固酶阴性,报告"发现非致病性葡萄球菌"。

检验程序见图 17-1。

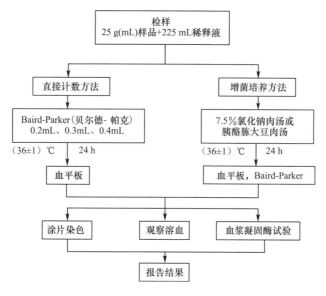

图 17-1　金黄色葡萄球菌检验程序

五、注意事项

本法仅适用于金黄色葡萄球菌的定性检测。

六、思考题

为什么采用血浆凝固酶实验来决定葡萄球菌致病和不致病？

实验十八

食品中沙门氏菌的检测

一、实验目的

1. 掌握沙门氏菌的检验方法。
2. 了解沙门氏菌各检验步骤的依据及原理。

二、实验原理

沙门氏杆菌为革兰氏阴性无芽孢好气性杆菌,检验步骤中,推定实验是先在 B-P 及 TSA 上培养检体,依照菌落的形态与革兰氏染色观察判断疑似沙门氏杆菌;其次,进行生化实验,检测微生物产生凝固的特性;第三为辅助实验,分别进行触实验、溶菌实验、厌氧下葡萄糖之利用、厌氧下甘露醇之利用、热安定型核酸分解实验;最后,再估算沙门氏杆菌的数目。

三、实验器材及试剂

均质器、振荡器、电子天平、无菌锥形瓶、无菌吸管或微量移液器及吸头、无菌培养皿、pH 计或 pH 比色管或精密 pH 试纸、全自动微生物生化鉴定系统、缓冲蛋白胨水(BPW)、四硫磺酸钠煌绿(TTB)增菌液、亚硒酸盐胱氨酸(SC)增菌液、亚硫酸铋(BS)琼脂、HE 琼脂、木糖赖氨酸脱氧胆盐(XLD)琼脂、沙门氏菌属显色培养基、三糖铁(TSI)琼脂、蛋白胨水、靛基质试剂、尿素琼脂(pH7.2)、氰化钾(KCN)培养基、赖氨酸脱羧酶实验培养基、糖发酵管、邻硝基酚-D 半乳糖苷(ONPG)培养基、半固体琼脂、丙二酸钠培养基、沙门氏菌 O 和 H 诊断血清、生化鉴定试剂盒等。

四、实验步骤

1.前增菌

称取 25 g(mL)样品放入盛有 225 mL BPW 的无菌均质杯中,以 8 000~10 000 r/min 均质 1~2 min,或置于盛有 225 mL BPW 的无菌均质袋中,用拍击式均质器拍打 1~

2 min。若样品为液态,不需要均质,振荡混匀。如需测定 pH,用 1 mol/mL 无菌 NaOH 或 HCl 调 pH 至 6.8±0.2。无菌操作将样品转至 500 mL 锥形瓶中,如使用均质袋,可直接进行培养,于(36±1)℃培养 8～18 h。如为冷冻产品,应在 45 ℃ 以下不超过 15 min,或 2～5 ℃不超过 18 h 解冻。

2. 增菌

轻轻摇动培养过的样品混合物,移取 1 mL,转种于 10 mL TTB 内,于(42±1)℃培养 18～24 h。同时,另取 1 mL,转种于 10 mL SC 内,置于(36±1)℃培养 18～24 h。

3. 分离

分别用接种环取增菌液 1 环,划线接种于一个 BS 琼脂平板和一个 XLD 琼脂平板(或 HE 琼脂平板或沙门氏菌属显色培养基平板)。于(36±1)℃分别培养 18～24 h(XLD 琼脂平板、HE 琼脂平板、沙门氏菌属显色培养基平板)或 40～48 h(BS 琼脂平板),观察各个平板上生长的菌落,各个平板上的菌落特征见表 18-1。

表 18-1　　　　沙门氏菌属在不同选择性琼脂平板上的菌落特征

选择性琼脂平板	沙门氏菌
BS 琼脂	菌落为有金属光泽的黑色、棕褐色或灰色,菌落周围培养基可呈黑色或棕色;有些菌株形成灰绿色的菌落,周围培养基不变。
HE 琼脂	蓝绿色或蓝色,多数菌落中心黑色或几乎全黑色;有些菌株为黄色,中心黑色或几乎全黑色。
XLD 琼脂	菌落呈粉红色,带或不带黑色中心,有些菌株可呈现大的带光泽的黑色中心,或呈现全部黑色的菌落;有些菌株为黄色菌落,带或不带黑色中心。
沙门氏菌属显色培养基	按照显色培养基的说明进行判定。

4. 生化实验

(1)自选择性琼脂平板上分别挑取 2 个以上典型或可疑菌落,接种三糖铁琼脂,先在斜面划线,再于底层穿刺;接种针不要灭菌,直接接种赖氨酸脱羧酶实验培养基和营养琼脂平板,置于(36±1)℃培养 18～24 h,必要时可延长至 48 h。在三糖铁琼脂和赖氨酸脱羧酶实验培养基内,沙门氏菌属的反应结果见表 18-2。

表 18-2　　　沙门氏菌属在三糖铁琼脂和赖氨酸脱羧酶实验培养基内的反应结果

三糖铁琼脂				赖氨酸脱羧酶实验培养基	初步判断
斜面	底层	产气	硫化氢		
K	A	+(−)	+(−)	+	可疑沙门氏菌属
K	A	+(−)	+(−)	−	可疑沙门氏菌属
A	A	+(−)	+(−)	+	可疑沙门氏菌属
A	A	+/−	+/−	−	非沙门氏菌
K	K	+/−	+/−	+/−	非沙门氏菌

注:"K"为产碱;"A"为产酸;"+"为阳性;"−"为阴性;"+(−)"为多数阳性,少数阴性;"+/−"为阳性或阴性。

（2）接种三糖铁琼脂和赖氨酸脱羧酶实验培养基的同时,可直接接种蛋白胨水(供做靛基质实验)、尿素琼脂(pH 7.2)、氰化钾(KCN)培养基,也可在初步判断结果后从营养琼脂平板上挑取可疑菌落接种。于(36±1) ℃培养 18～24 h,必要时可延长至 48 h,按表 18-3 判定结果。将已挑菌落的平板储存于 2～5 ℃或室温至少保留 24 h,以备必要时复查。

表 18-3　　　　　沙门氏菌属生化反应初步鉴别表(1)

反应序号	硫化氢(H$_2$S)	靛基质	pH 7.2尿素	氰化钾(KCN)	赖氨酸脱羧酶
A1	＋	－	－	－	＋
A2	＋	＋	－	－	＋
A3	－	－	－	－	＋/－

注:"＋"为阳性;"－"为阴性;"＋/－"为阳性或阴性。

①反应序号 A1:典型反应判定为沙门氏菌属。如尿素、KCN 和赖氨酸脱羧酶 3 项中有 1 项异常,按表 18-4 可判定为沙门氏菌。如有 2 项异常为非沙门氏菌。

表 18-4　　　　　沙门氏菌属生化反应初步鉴别表(2)

pH 7.2尿素	氰化钾(KCN)	赖氨酸脱羧酶	判定结果
－	－	－	甲型副伤寒沙门氏菌(要求血清学鉴定结果)
－	＋	＋	沙门氏菌IV或V(要求符合本群生化特性)
＋	－	＋	沙门氏菌个别变体(要求血清学鉴定结果)

注:"＋"为阳性;"＋"为阴性。

②反应序号 A2:补做甘露醇和山梨醇实验,沙门氏菌靛基质阳性变体两项实验结果均为阳性,但需要结合血清学鉴定结果进行判定。

③反应序号 A3:补做 ONPG。ONPG 阴性为沙门氏菌,同时赖氨酸脱羧酶阳性,甲型副伤寒沙门氏菌为赖氨酸脱羧酶阴性。

必要时按表 18-5 进行沙门氏菌属各生化群的鉴别。

表 18-5　　　　　沙门氏菌属各生化群的鉴别

项目	I	II	III	IV	V	VI
卫矛醇	＋	＋	－	－	＋	－
山梨醇	＋	＋	＋	＋	＋	＋
水杨苷	－	－	－	＋	－	－
ONPG	－	－	＋	－	＋	－
丙二酸盐	－	＋	＋	－	－	－
KCN	－	－	－	＋	＋	－

注:"＋"为阳性;"－"为阴性。

（3）如选择生化鉴定试剂盒或全自动微生物生化鉴定系统,可根据前面实验的初步判断结果,从营养琼脂平板上挑取可疑菌落,用生理盐水制备成浊度适当的菌悬液,使用生化鉴定试剂盒或全自动微生物生化鉴定系统进行鉴定。

5.血清学鉴定

(1)抗原的准备

一般采用 1.2%～1.5% 琼脂培养物作为玻片凝集实验用的抗原。O 血清不凝集时，将菌株接种在琼脂量较高的(如 2%～3%)培养基上再检查；如果是由于 Vi 抗原的存在而阻止了 O 凝集反应时，可挑取菌苔于 1 mL 生理盐水中做成浓菌液，于酒精灯火焰上煮沸后再检查。H 抗原发育不良时，将菌株接种在 0.55%～0.65% 半固体琼脂平板的中央，俟菌落蔓延生长时，在其边缘部分取菌检查；或将菌株通过装有 0.3%～0.4% 半固体琼脂的小玻管 1～2 次，自远端取菌培养后再检查。

(2)多价菌体抗原(O)鉴定

在玻片上划出 2 个约 1 cm×2 cm 的区域，挑取 1 环待测菌，各放 1/2 环于玻片上的每一区域上部，在其中一个区域下部加 1 滴多价菌体(O)抗血清，在另一区域下部加入 1 滴生理盐水，作为对照。再用无菌的接种环或针分别将两个区域内的菌落研成乳状液。将玻片倾斜摇动混合 1 min，并对着黑暗背景进行观察，任何程度的凝集现象皆为阳性反应。

(3)多价鞭毛抗原(H)鉴定

同(2)多价菌体抗原(O)鉴定。

(4)血清学分型(选做项目)

①O 抗原的鉴定

用 A～F 多价 O 血清做玻片凝集实验，同时用生理盐水做对照。在生理盐水中自凝者为粗糙形菌株，不能分型。

被 A～F 多价 O 血清凝集者，依次用 O4；O3、O10；O7；O8；O9、O2 和 O11 因子血清做凝集实验。根据实验结果，判定 O 群。被 O3、O10 血清凝集的菌株，再用 O10、O15、O34、O19 单因子血清做凝集实验，判定 E1、E2、E3、E4 各亚群，每一个 O 抗原成分的最后确定均应根据 O 单因子血清的检查结果，没有 O 单因子血清的要用两个 O 复合因子血清进行核对。

不被 A～F 多价 O 血清凝集者，先用 9 种多价 O 血清检查，如有其中一种血清凝集，则用这种血清所包括的 O 群血清逐一检查，以确定 O 群。每种多价 O 血清所包括的 O 因子如下：

O 多价 1 A,B,C,D,E,F 群(并包括 6,14 群)

O 多价 2 13,16,17,18,21 群

O 多价 3 28,30,35,38,39 群

O 多价 4 40,41,42,43 群

O 多价 5 44,45,47,48 群

O 多价 6 50,51,52,53 群

O 多价 7 55,56,57,58 群

O 多价 8 59,60,61,62 群

O 多价 9 63,65,66,67 群

②H 抗原的鉴定

属于 A～F 各 O 群的常见菌型,依次用表 18-6 所述 H 因子血清检查第 1 相和第 2 相的 H 抗原。

表 18-6　　　　　　　　　　　A～F 群常见菌型 H 抗原表

O 群	第 1 相	第 2 相
A	a	无
B	g,f,s	无
B	i,b,d	2
C1	k,v,r,c	5,Z15
C2	b,d,r	2,5
D(不产气的)	d	无
D(产气的)	g,m,p,q	无
E1	h,v	6,w,x
E4	g,s,t	无
E4	i	

不常见的菌型,先用 8 种多价 H 血清检查,如有其中一种或两种血清凝集,则再用这一种或两种血清所包括的各种 H 因子血清逐一检查,以第 1 相和第 2 相的 H 抗原。8 种多价 H 血清所包括的 H 因子如下:

H 多价 1 a,b,c,d,i

H 多价 2 eh,enx,enz$_{15}$,fg,gms,gpu,gp,gq,mt,gz$_{51}$

H 多价 3 k,r,y,z,z$_{10}$,lv,lw,lz$_{13}$,lz$_{28}$,lz$_{40}$

H 多价 4 1,2;1,5;1,6;1,7;z$_6$

H 多价 5 z$_4$z$_{23}$,z$_4$z$_{24}$,z$_4$z$_{32}$,z$_{29}$,z$_{35}$,z$_{36}$,z$_{38}$

H 多价 6 z$_{39}$,z$_{41}$,z$_{42}$,z$_{44}$

H 多价 7 z$_{52}$,z$_{53}$,z$_{54}$,z$_{55}$

H 多价 8 z$_{56}$,z$_{57}$,z$_{60}$,z$_{61}$,z$_{62}$

每一个 H 抗原成分的最后确定均应根据 H 单因子血清的检查结果,没有 H 单因子血清的要用两个 H 复合因子血清进行核对。检出第 1 相 H 抗原而未检出第 2 相 H 抗原的或检出第 2 相 H 抗原而未检出第 1 相 H 抗原的,可在琼脂斜面上移种 1～2 代后再检查。如仍只检出一个相的 H 抗原,要用位相变异的方法检查其另一个相。单相菌不必做位相变异检查。

位相变异实验方法如下:

小玻管法:将半固体管(每管 1～2 mL)在酒精灯上熔化并冷却至 50 ℃,取已知相的 H 因子血清 0.05～0.10 mL,加入于熔化的半固体内,混匀后,用毛细吸管吸取分装于供位相变异实验的小玻管内,俟凝固后,用接种针挑取待检菌,接种于一端。将小玻管平放在平皿内,并在其旁放一团湿棉花,以防琼脂中水分蒸发而干缩,每天检查结果,待另一相细菌解离后,可以从另一端挑取细菌进行检查。培养基内血清的浓度应有适当的比例,过高时细菌不能生长,过低时同一相细菌的动力不能抑制。一般按原血清 1:200～1:800 的量加入。

小倒管法:将两端开口的小玻管(下端开口要留一个缺口,不要平齐)放在半固体管内,小玻管的上端应高出于培养基的表面,灭菌后备用。临用时在酒精灯上加热熔化,冷却至 50 ℃,挑取因子血清 1 环,加入小套管中的半固体内,略加搅动,使其混匀,俟凝固后,将待检菌株接种于小套管中的半固体表层内,每天检查结果,待另一相细菌解离后,可从套管外的半固体表面取菌检查,或转种 1‰ 软琼脂斜面,于 37 ℃ 培养后再做凝集实验。

简易平板法:将 0.35‰～0.40‰ 半固体琼脂平板烘干表面水分,挑取因子血清 1 环,滴在半固体平板表面,放置片刻,待血清吸收到琼脂内,在血清部位的中央点种待检菌株,培养后,在形成蔓延生长的菌苔边缘取菌检查。

③Vi 抗原的鉴定

用 Vi 因子血清检查。已知具有 Vi 抗原的菌型有:伤寒沙门氏菌、丙型副伤寒沙门氏菌、都柏林沙门氏菌。

④菌型的判定

根据血清学分型鉴定的结果,按照附录 A 或有关沙门氏菌属抗原表判定菌型。

6. 结果与报告

综合以上生化实验和血清学鉴定的结果,报告 25 g(mL)样品中检出或未检出沙门氏菌。

五、思考题

1. 如何提高沙门氏菌的检出率?
2. 沙门氏菌在三糖铁琼脂培养基上的反应结果如何? 为什么?
3. 食品中是否允许个别沙门氏菌存在? 为什么?

第三部分 药学微生物学实验方法与技术

实验十九

抗生素效价测定技术(二剂量法)

一、实验目的

1. 了解生物学法测定抗生素效价的基本原理。
2. 掌握管碟法(二剂量法)的基本操作。

二、实验原理

管碟法中最常用的是二剂量法。二剂量法是利用抗生素浓度的对数值与抑菌圈直径成直线关系的原理,将抗生素的标准品和待检品各稀释为一定比例的两种剂量,即高剂量和低剂量,在同一平板中进行比较,根据它们所产生的抑菌圈直径,计算出待检品的效价。

三、实验器材及试剂

金黄色葡萄球菌、营养肉汤培养基、营养琼脂培养基、青霉素标准品(效价为 2 000 U/mL)、青霉素待检品、牛津杯、培养皿、无菌移液管、镊子、陶土盖、游标卡尺等。

四、实验步骤

1. 制备底层培养基平板:将加热熔化的营养琼脂培养基倒约 15 mL 到无菌平板中,均匀铺满皿底,待凝固后作为底层培养基。每组做 4 块平板。

2. 制备含菌薄层平板:先用 1 mL 无菌吸管吸取培养好的金黄色葡萄球菌培养液 0.6 mL,加至 48 ℃恒温的 50 mL 营养琼脂培养基中,摇匀,用 100 mL 量筒量取 10 mL 倒至含已冷凝好底层培养基的 4 块平板上,立即摇匀(注意此层含菌培养基应尽量水平)。

3. 加小钢管:待含菌薄层平板完全凝固后,在培养皿底部划分出 4 个区域,并做标记 UH、UL、SH、SL。用无菌镊子夹取 4 个小钢管的上部,将其分别轻放在 4 个区域的中央,用镊子轻轻按小钢管,使其与培养基表面紧密接触,但不能穿破培养基。

4. 加药液:用无菌吸管分别吸取标准品和待检品各两种浓度的药液(UH、UL、SH 为 2 U/mL,SL 为 0.5 U/mL)分别注满相应的小钢管,4 个小钢管加的药量要一致。

5. 换陶土盖:以无菌操作法取下培养皿盖,立即换上已灭菌的陶土盖,平放于 37 ℃ 恒温箱内培养 18~24 h,观察结果。

6. 测量抑菌圈直径:用游标卡尺精确测量每种药液的抑菌圈直径。

7. 效价计算:根据效价计算公式计算待检品效价。

五、注意事项

1. 在进行管碟法测定抗生素效价时,要选择适当的对所测抗生素敏感的微生物作为实验菌种。

2. 加小钢管时,不能用力过猛,以免穿破培养基,影响观察效果。

加药液时必须用不同的吸管加不同浓度的药液,吸管不能混用,否则实验数据不准确。

3. 为了减小操作误差,必须平行地多做几个培养皿,一般每个待检品所用的平板数不得少于 4 个。

4. 在配制抗生素标准品与待检品溶液时必须准确,高、低剂量之比一般为 2∶1 或 4∶1。

5. 为保证测量数据准确,测量抑菌直径时要用游标卡尺。

六、思考题

1. 测量抑菌圈直径时,根据下列公式计算待检品青霉素相对效价和效价

$$\lg \theta = \frac{[(UH+UL)-(SH+SL)]}{[(SH+UH)-(SL+UL)]} \cdot \lg(H/L) \tag{19-1}$$

$$P_u = \theta P_s \tag{19-2}$$

式中　SH——标准品的高剂量稀释液的抑菌圈直径;

　　　SL——标准品的低剂量稀释液的抑菌圈直径;

　　　UH——待检品的高剂量稀释液的抑菌圈直径;

　　　UL——待检品的低剂量稀释液的抑菌圈直径;

　　　θ——相对效价;

　　　P_s——标准品效价;

　　　P_u——待检品效价;

　　　H/L——高剂量浓度与低剂量浓度之比。

实验二十

药物体外抗菌实验

一、实验目的

熟悉并掌握液体培养基稀释法和滤纸片法这两种常用测定药物体外抗菌作用的方法。

二、实验原理

药物的抗菌实验用于检验药物的抗菌作用,包括体外抗菌实验和体内抗菌实验两种。体外抗菌实验是最常用的抗菌实验,常用的方法一般有两大类:琼脂扩散法和系列稀释法。

琼脂扩散法的原理是:药物能在琼脂培养基中扩散并在一定浓度范围内抵抗细菌的生长。滤纸片法是琼脂扩散法中最常用的方法,是指用一定直径(6~8 mm)的无菌滤纸片,蘸取一定浓度的待测药液,将其紧贴在含菌平板上,纸片上的药液会向四周扩散,并对该实验菌有抑制作用,再经过一定时间培养后,会在滤纸片周围形成不长菌的透明圈,此圈称为抑菌圈。抑菌圈的大小反映实验菌对测定药物的敏感程度,并与该药物对实验菌的最小抑菌浓度呈负相关关系。

系列稀释法是将药物稀释成不同的浓度系列,混入培养基内,再加入一定量的实验菌,放入适宜温度下培养一定时间后,用肉眼观察结果,求出药物的最小抑菌浓度(MIC)。

三、实验器材及试剂

大肠杆菌、庆大霉素、生理盐水、营养肉汤培养基、营养琼脂培养基、0.1%新洁尔灭、75%酒精、2.5%碘液、生理盐水、镊子、记号笔、酒精灯、尺子、无菌移液管、无菌试管等。

四、实验步骤

(一)液体培养基稀释法

1.取小试管 10 支并编号。

2.用无菌吸管在每支试管中加营养肉汤培养基,第一管加 1.8 mL,其余各管加 1 mL。

3.另取 1 支无菌吸管吸取抗生素(庆大霉素 80 IU/mL)0.2 mL 加入第一管中,吹吸 3 次,混匀后吸取 1 mL 加入第二管中吹吸 3 次,混匀,依此类推,第九管吸取 1 mL 弃去,第十管不加作为阳性对照。

4.每管加入 1×10^{-3} 大肠杆菌菌液 0.1 mL。

5.置于 37 ℃孵育箱 24 h 后观察,生长管的前一管药物浓度为该抗生素的 MIC。
根据实验结果计算庆大霉素的 MIC。

(二)滤纸片法

1.制备底层培养基平板:将加热熔化的营养琼脂培养基倒约 15 mL 到无菌平板中,均匀铺满皿底,待凝固后作为底层培养基。每组做 2 块平板。

2.制备含菌薄层平板:先用 1 mL 无菌吸管吸取培养好的大肠杆菌培养液 0.5 mL,加至 48 ℃恒温的 30 mL 营养琼脂培养基中,摇匀,用量筒量取 10 mL 倒至已冷凝好的底层培养基上。

3.等培养基凝固后用记号笔在含菌平皿底部划十字线,将平板分成 4 个区域,在每个区域标注好所要加入的药液的名称。

4.用镊子夹取滤纸片,分别浸入 0.1%新洁尔灭、75%酒精、2.5%碘液、生理盐水的待测药液中。

5.将滤纸片分别贴在含菌平板对应的区域,置于 37 ℃孵育箱中,培养 24 h。

6.观察滤纸片边缘与抑菌圈边缘的距离:在 1 mm 以上者为阳性(+),即微生物对药物敏感;反之为阴性(-),即微生物对药物不敏感。将实验结果填入表 20-1。

表 20-1

化学药品	抑菌圈直径/mm	阴、阳性
0.1%新洁尔灭		
75%酒精		
2.5%碘液		
生理盐水		

五、思考题

用稀释法测定药物的最低抑菌浓度时,需要注意些什么?

实验二十一

口服药品的细菌总数检查和注射剂的无菌检查

一、实验目的

掌握口服药品的细菌总数检查技术和注射剂的无菌检查方法。

二、实验原理

口服药品不是无菌制剂,根据《中国药典》规定,其细菌数必须控制在一定范围内。细菌总数的测定,是为了了解被检药品在单位体积内,所含有的需氧菌的活菌数,以判断待检药品被细菌的污染程度,也是对待检药品整个生产过程的卫生学总评价的一个重要依据。

各种注射剂,如针剂、输液剂等都必须保证不含任何活的微生物才视为合格。无菌检查的基本原则是采用严格的无菌操作方法,将被检查的药物取一定量,接种于适合各种微生物生长的培养基中,于合适的温度下,培养一定时间后,观察有无微生物生长,以判断被检药品是否合格。

三、实验器材及试剂

通宣理肺丸、生理盐水注射液、无菌移液管、平皿、试管、酒精灯、无菌生理盐水、营养琼脂培养基、硫乙醇酸盐流体培养基、改良马丁培养基。

四、实验步骤

1.口服药品的细菌总数检查

(1)稀释药品:以无菌操作方法,取一粒通宣理肺丸(6 g)放入装有 54 mL 生理盐水的三角瓶中,摇至药丸全部溶解,制成 1∶10 的均匀待检液。

(2)在试管中,用无菌生理盐水将待检液做连续 10 倍递增稀释,制成 1∶100、1∶1 000 的稀释液。

(3)用平皿菌落计数法,取 1∶10、1∶100、1∶1 000 三个不同稀释倍数的待检液各

1 mL,分别注入无菌平板中,再分别倒入在 46 ℃水浴中保温的营养琼脂培养基约 15 mL,混匀。每个稀释度做 2 块平板。

(4)置于 37 ℃培养箱中培养 48 h。

(5)结果判断:计数平板上的菌落数,应选择菌落数在 30～300 的平板计算,求出各稀释级的平均菌落数,再乘以稀释倍数,可得每毫升供试品中所含菌落数。实验结果记录表见表 21-1。

表 21-1   _____药品细菌总数检查结果记录表

药物	各稀释度菌落数			菌数/g(或 mL)
	1∶10	1∶100	1∶1 000	

2.注射剂的无菌检查

(1)用无菌移液管吸取 5 mL 生理盐水注射液到装有 40 mL 硫乙醇酸盐流体培养基中,接种 2 瓶。

(2)置于 37 ℃培养箱中培养 24 h。

(3)用无菌移液管吸取 5 mL 生理盐水注射液到装有 40 mL 改良马丁培养基中,接种 1 瓶。

(4)置于 28 ℃培养箱中培养 48 h。

(5)结果判断:分别观察上述六瓶培养基,如澄清或虽显浑浊,但经涂片、染色、镜检后,证实无菌生长时,判为待检注射剂合格;如浑浊,经涂片、染色、镜检确认有菌生长,应进行复试,复试时,待检药物及培养基量均需加倍。若复试后仍有相同菌生长,可确认被检注射剂无菌检验不合格。若复试后有不同菌生长,应再做一次实验,若仍有菌生长,即可判定被检注射剂无菌检验不合格。实验结果记录参见表 21-2。

表 21-2   _____注射剂无菌检查结果记录表

药物	项目	是否有菌生长	结果判断
	需氧菌		
	厌氧菌		
	真菌		

五、注意事项

1.检验中确保无菌操作,避免染菌。

2.若平皿上有片状或花斑状菌落,则该平皿无效;若有两个或两个以上菌落挤在一起,但可分辨开,则按两个或两个以上计数。

六、思考题

为了确保药物微生物学检查的正确性,应注意哪些问题?

实验二十二

常用的细菌生化检验方法(IMViC 实验)

一、实验目的

掌握常用的细菌生化检验操作方法。

二、实验原理

吲哚(Indole)实验:有些细菌如大肠埃希菌、变形杆菌等含有色氨酸酶,能分解蛋白胨水培养基中的色氨酸使其成为吲哚。指示剂二甲基氨苯甲醛遇吲哚变红,即玫瑰吲哚。

甲基红(Methyl Red,MR)实验:甲基红是一种指示剂,其变色范围为 pH 4.4(红色)~6.2(黄色),可测定细菌分解葡萄糖后培养基中最终的酸碱度,用以鉴别肠道杆菌。细菌(如大肠杆菌)分解葡萄糖产生丙酮酸,丙酮酸进一步被分解为甲酸、乙酸、乳酸等,使培养基的 pH 降至 4.5 以下,加入甲基红指示剂呈红色,为阳性。若细菌分解葡萄糖产酸量少或产生的丙酮酸进一步转化为醇、酮、醛、水等,则培养基的 pH 在 6.2 以上,加入甲基红指示剂呈黄色,为阴性反应,如产气杆菌。

V-P 实验:细菌发酵葡萄糖,产生丙酮酸,丙酮酸脱羧生成乙酰甲基甲醇,在碱性环境中乙酰甲基甲醇被氧化为二乙酰,二乙酰与蛋白胨中的精氨酸所含的胍基结合,生成红色化合物。

枸橼酸盐利用实验:以枸橼酸钠为唯一碳源,磷酸铵为唯一氮源,若细菌能利用这些盐作为碳源和氮源而生长,则利用枸橼酸钠产生碳酸盐,与利用铵盐产生的 NH_3 反应,形成 NH_4OH 使培养基变为碱性,pH 升高,指示剂溴麝香草酚蓝由草绿色变为深蓝色。

三、实验器材及试剂

试管、滴管、蛋白胨、磷酸二氢钾、葡萄糖、40%KOH、6%α-萘酚无水酒精溶液、甲基红指示剂、对二甲基氨基苯甲醛、戊醇、盐酸、蛋白胨水培养基、枸橼酸盐培养基、大肠埃希菌、产气杆菌。

四、实验步骤

1. 接种

蛋白胨水培养基一管接种 0.1 mL 大肠杆菌,另一管接种 0.1 mL 产气杆菌,37 ℃培养 24 h。

V-P 实验培养基两管接种 0.1 mL 大肠杆菌,另两管接种 0.1 mL 产气杆菌,37 ℃培养 24 h。

用接种环挑一环大肠杆菌接种到枸橼酸盐试管斜面,用接种环挑一环产气杆菌接种到枸橼酸盐试管斜面,37 ℃培养 24 h。

2. 滴加试剂,判断反应结果

吲哚实验:取出蛋白胨水培养基培养物,分别加入寇氏试剂 15 滴,混摇后静置片刻,表面呈红色者为阳性(+),反之为阴性(-)。

甲基红实验:取 V-P 培养基培养物两管(一管接种大肠杆菌,一管接种产气杆菌)向各管加入甲基红指示剂 3～4 滴,呈红色者为阳性(+),反之为阴性(-)。

V-P 实验:取 V-P 培养基培养物两管(一管接种大肠杆菌,一管接种产气杆菌)向各管加入 40％KOH 15 滴,再加等量的 6％α-萘酚无水酒精溶液,用力振摇,再置于 37 ℃中培养 30 min,呈红色者为阳性(+),反之为阴性(-)。

枸橼酸盐利用实验:观察接种后的枸橼酸盐试管斜面,培养基颜色由淡绿色变为深蓝色为阳性(+),反之为阴性(-)。

五、注意事项

枸橼酸盐培养基的 pH<7.0,做实验时,接种的细菌量应少,以免将菌种培养基的碱性成分带入枸橼酸盐培养基,而发生可疑反应。最好用培养 6～12 h 的斜面培养物制成盐水悬液,再以接种环移种培养。

六、思考题

1. 请列表记录埃希菌属与产气杆菌的 IMViC 实验结果。

2. 生化反应有何实际用途?

第四部分　环境微生物学实验方法与技术

实验二十三

水中细菌总数的监测

一、实验目的

1. 学习水样的采取方法和水样细菌总数测定的方法。
2. 了解水样的平板菌落计数的原则。

二、实验原理

细菌总数是指 1 mL 水样在营养琼脂培养基中,37 ℃中培养 24 h 后所生长的细菌数。我国饮用水的卫生学指标:在 1 mL 自来水中细菌总数不得超过 100 个。

水中细菌总数往往同水体受有机物污染的程度呈正相关。水中的细菌总数越多,说明水中有机物的含量越高,水体被有机物污染的程度越重。因此,它是评价水质污染程度的一个重要指标。

本实验采取标准平皿法对水样中细菌计数,这是测定水中好氧和兼性厌氧异氧细菌密度的方法。

由于重金属及某些其他的有毒物质对细菌有杀灭或抑制作用,所以在总细菌数少的水样并不能排除这些物质的污染。

由于细菌在水体中能以单独个体、成对、链状、成簇或成团的形式存在,且没有单独的一种培养基或某一环境条件能满足一个水样中所有细菌的生理要求,所以由此法所得的菌落实际上要低于被测水样中真正存在的活细菌的数目。

三、实验器材及试剂

酒精灯、37 ℃培养箱、无菌培养皿、记号笔、无菌采样器、无菌移液管营养琼脂培养基、马铃薯葡萄糖琼脂培养基。

四、实验步骤

1. 水样的采取

（1）自来水

先将自来水龙头进行消毒处理，再开放水龙头使水流出一定量，以灭菌三角烧瓶接取水样，以待分析。

（2）池水、河水或湖水

应取距水面10～15 cm的深层水样。先将灭菌的采样瓶瓶口向下浸入水中，然后翻转过来，除去玻璃塞，水即流入瓶中，盛满后，将瓶塞盖好，再从水中取出，最好立即检测，否则需放入冰箱中保存。

2. 细菌总数测定

（1）自来水

（a）用灭菌吸管吸取1 mL水样，注入灭菌培养皿中。共做2个平皿。

（b）分别倾注约15 mL已熔化并冷却到45 ℃左右的培养基，并立即在桌上平面旋摇，使水样与培养基充分混匀。

（c）培养基凝固后，倒置于37 ℃培养箱中，培养24 h，进行菌落计数。两个平板的平均菌落数即1 mL水样的细菌总数。

（2）池水、河水或湖水

（a）将水样用力振摇20～25次，取10 mL混匀水样，注入盛有90 mL灭菌水的三角烧瓶中，混匀成1×10^{-1}稀释液。取1×10^{-1}稀释液注入盛有9 mL灭菌水的试管中，混匀成1×10^{-2}稀释液。取1×10^{-2}稀释液注入盛有9 mL灭菌水的试管中，混匀成1×10^{-3}稀释液。

（b）自最后3个稀释度的试管中各取1 mL稀释水加入空的灭菌培养皿中，每一稀释度做2个培养皿。

（c）各倾注15 mL已熔化并冷却至45 ℃左右的培养基，立即放在桌上混匀。

凝固后倒置于37 ℃培养箱中培养24 h。

五、注意事项

1. 倒平板时培养基的温度不能太高，否则，培养皿上会有许多冷凝水，易造成污染。

2. 混合水样与培养基时注意不能摇出气泡。

3. 培养时培养皿要注意倒置培养。

4. 更换不同浓度的稀释液时，必须更换移液管。

六、思考题

1. 从自来水的细菌总数结果来看,它是否符合饮用水的标准?
2. 水中检出的菌落总数是否代表该水中的所有细菌数? 为什么?

附:细菌总数结果的报告

1. 平板菌落的选择

选取菌落数在 30～300 的平板作为菌落总数测定标准。每一个稀释度应采用两个平板的平均数,若其中一个平板有较大片状菌落生长,则不宜采用,而应以无片状菌落生长的平板作为该稀释度的菌落数。若片状菌落不到平板的一半,而在其余一半中菌落分布又很均匀,则可以计算半个平板后再乘以 2 来代表全皿菌落数。

2. 细菌总数的报告

①细菌宜选取平均菌落数在 30～300 的稀释级,霉菌和酵母宜选取平均菌落数在 30～100 的稀释级作为报告菌数计算的依据。

②若有两个稀释度,其生长之菌落数均在 30～300,则可计算出每个稀释度的细菌总数,若其比值小于 2,则以二者的平均值为细菌总数;若该比值大于 2,则以其中较小的为细菌总数。

③若所有稀释度的平均菌落数均大于 300,则以最高稀释度的菌落数乘以该稀释倍数(最大)为细菌总数。

④若所有稀释度的平均菌落数均小于 300,则以最低稀释度的菌落数乘以该稀释倍数(最小)为细菌总数。

⑤若所有稀释度的平均菌落数均不在 30～300,则以最接近 30 或 300 的平均菌落数乘以相对应的稀释倍数为细菌总数。

⑥若所有平板均无菌生长,则报告为小于最小稀释倍数的细菌总数。

菌落数在 1～100 时,按实有数字报告;大于 100 时,则报告前面两位有效数字,第三位数字按四舍五入原则处理。为了缩短数字后面的零数,也可以用 10 的指数表示。

实验二十四

水中大肠菌群的检测

一、实验目的

1. 了解饮用水和水源水大肠菌群检测的原理和意义。
2. 学习饮用水和水源水大肠菌群检测的方法。

二、实验原理

大肠菌群又称总大肠菌群,是指在 37 ℃ 中 24 h 内能发酵乳糖产酸、产气的需氧或兼性厌氧的革兰氏阴性无芽孢杆菌的总称,主要由肠杆菌科中四个属内的细菌组成,即埃希氏杆菌属、柠檬酸杆菌属、克雷伯氏菌属和肠杆菌属。

水的大肠菌群数是指 100 mL 水检样内含有的大肠菌群实际数值,以大肠菌群最近似数(MPN)表示。在正常情况下,肠道中主要有大肠菌群、粪链球菌和厌氧芽孢杆菌等多种细菌。这些细菌都可随人畜排泄物进入水源,由于大肠菌群在肠道内数量最多,所以,水源中大肠菌群的数量,是直接反映水源被人畜排泄物污染的一项重要指标。目前,国际上已公认大肠菌群的存在是粪便污染的指标。因而对饮用水必须进行大肠菌群的检查。

水中大肠菌群的检验方法,常用多管发酵法和滤膜法。多管发酵法可运用于各种水样的检验,但操作烦琐,需要时间长。滤膜法仅适用于自来水和深井水,操作简单、快速,但不适用于杂质较多、易于阻塞滤孔的水样。本实验运用多管发酵法检测水中大肠菌群数。

三、实验器材及试剂

培养皿、三角瓶、移液管(1 mL、10 mL)、100 mL 量筒、乳糖蛋白胨培养液、伊红美蓝培养基、无菌生理盐水。

四、实验步骤

1. 生活饮用水

（1）初发酵实验

在 2 个装有 50 mL 已灭菌的 3 倍浓缩乳糖蛋白胨培养液的大试管或烧瓶中（内有倒置发酵管），以无菌操作各加入已充分混匀的水样 100 mL；在 10 支装有 5 mL 已灭菌的 3 倍浓缩糖蛋白胨培养液的试管中，以无菌操作加入充分混匀的水样 10 mL，混匀后于 37 ℃培养箱中培养 24 h。

（2）平板分离

经 24 h 培养后，发酵试管颜色变黄为产酸，倒置的发酵管内有气泡为产气。将产酸、产气及只产酸的发酵试管，分别划线接种于伊红美蓝琼脂平板（EMB 培养基）上，于 37 ℃中培养 18～24 h。大肠菌群在 EMB 平板上，菌落呈紫黑色，具有或略带有或不带有金属光泽，或者呈淡紫红色，仅中心颜色较深；挑取符合上述特征的菌落进行涂片，革兰氏染色，镜检。

（3）复发酵实验

将革兰氏阴性无芽孢杆菌的菌落的剩余部分接于单倍乳糖蛋白胨培养液发酵管中，为防止遗漏，每管可接种来自同一初发酵管的平板上同类型菌落 1～3 个，于 37 ℃中培养 24 h，如果产酸又产气，即证实有大肠菌群存在。

（4）报告

根据证实有大肠菌群存在的复发酵管的阳性管数，查表 24-1，报告每升水样中的大肠菌群数（MPN）。

表 24-1　大肠菌群检数表（接种水样 100 mL 2 份，10 mL 10 份，总量 300 mL）

10 mL 水量的阳性管数	100 mL 水量的阳性管数		
	0	1	2
	1 L 水样中大肠菌群数		
0	<3	4	11
1	3	8	18
2	7	13	27
3	11	18	38
4	14	24	52
5	18	30	70
6	22	36	92
7	27	43	120
8	31	51	161
9	36	60	230
10	40	69	>230

2. 水源水

(1)将水样作 1∶10 稀释。

(2)在 5 支装有 5 mL 的三倍乳糖蛋白胨培养液的发酵试管中(内有倒置小管),以无菌操作各加入水样 10 mL。在 5 支装有 10 mL 的乳糖蛋白胨培养液的发酵试管中(内有倒置小管),以无菌操作各加入水样 1 mL。在 5 支装有 10 mL 的乳糖蛋白胨培养液的发酵试管中(内有倒置小管),以无菌操作各加入 10^{-1} 水样 1 mL。37 ℃中培养 24 h。

(3)平板分离和复发酵实验的检验步骤同"1.生活饮用水"的检验方法。

(4)根据证实有大肠菌群存在的复发酵管的阳性管数,查表 24-2,即求得每 100 mL 水样中的大肠菌群数(MPN)。

表 24-2　　　　　水质大肠菌群(MPN)检索表 ＊(十五管法)

(总接种量 55.5 mL,其中 5 份 10 mL 水样,5 份 1 mL 水样,5 份 0.1 mL 水样)

接种量/mL			MPN/100 mL	接种量/mL			MPN/100 mL
10	1	0.1		10	1	0.1	
0	0	0	0	1	1	0	4
0	0	1	2	1	1	1	6
0	0	2	4	1	1	2	8
0	0	3	5	1	1	3	10
0	0	4	7	1	1	4	12
0	0	5	9	1	1	5	14
0	1	0	2	1	2	0	6
0	1	1	4	1	2	1	8
0	1	2	6	1	2	2	10
0	1	3	7	1	2	3	12
0	1	4	9	1	2	4	15
0	1	5	11	1	2	5	17
0	2	0	4	1	3	0	8
0	2	1	6	1	3	1	10
0	2	2	7	1	3	2	12
0	2	3	9	1	3	3	15
0	2	4	11	1	3	4	17
0	2	5	13	1	3	5	19
0	3	0	6	1	4	0	11
0	3	1	7	1	4	1	13
0	3	2	9	1	4	2	15
0	3	3	11	1	4	3	17
0	3	4	13	1	4	4	19
0	3	5	15	1	4	5	22

（续表）

接种量/mL			MPN/100 mL	接种量/mL			MPN/100 mL
10	1	0.1		10	1	0.1	
0	4	0	8	1	5	0	13
0	4	1	9	1	5	1	15
0	4	2	11	1	5	2	17
0	4	3	13	1	5	3	19
0	4	4	15	1	5	4	22
0	4	5	17	1	5	5	24
0	5	0	9	2	0	0	5
0	5	1	11	2	0	1	7
0	5	2	13	2	0	2	9
0	5	3	15	2	0	3	12
0	5	4	17	2	0	4	14
0	5	5	19	2	0	5	16
1	0	0	2	2	1	0	7
1	0	1	4	2	1	1	9
1	0	2	6	2	1	2	12
1	0	3	8	2	1	3	14
1	0	4	10	2	1	4	17
1	0	5	12	2	1	5	19
2	2	0	9	3	3	0	17
2	2	1	12	3	3	1	21
2	2	2	14	3	3	2	24
2	2	3	17	3	3	3	28
2	2	4	19	3	3	4	32
2	2	5	22	3	3	5	36
2	3	0	12	3	4	0	21
2	3	1	14	3	4	1	24
2	3	2	17	3	4	2	28
2	3	3	20	3	4	3	32
2	3	4	22	3	4	4	36
2	3	5	25	3	4	5	40
2	4	0	15	3	5	0	25
2	4	1	17	3	5	1	29
2	4	2	20	3	5	2	32
2	4	3	23	3	5	3	37
2	4	4	15	3	5	4	41
2	4	5	28	3	5	5	45

（续表）

接种量/mL			MPN/100 mL	接种量/mL			MPN/100 mL
10	1	0.1		10	1	0.1	
2	5	0	17	4	0	0	13
2	5	1	20	4	0	1	17
2	5	2	23	4	0	2	21
2	5	3	26	4	0	3	25
2	5	4	29	4	0	4	30
2	5	5	32	4	0	5	36
3	0	0	8	4	1	0	17
3	0	1	11	4	1	1	21
3	0	2	13	4	1	2	26
3	0	3	16	4	1	3	31
3	0	4	20	4	1	4	36
3	0	5	23	4	1	5	42
3	1	0	8	4	0	0	22
3	1	1	11	4	2	1	26
3	1	2	13	4	2	2	32
3	1	3	16	4	2	3	38
3	1	4	20	4	2	4	44
3	1	5	23	4	2	5	50
3	2	0	14	4	3	0	27
3	2	1	17	4	3	1	33
3	2	2	20	4	3	2	39
3	2	3	24	4	3	3	45
3	2	4	27	4	3	4	52
3	2	5	31	4	3	5	59
4	4	0	34	5	2	0	49
4	4	1	40	5	2	1	70
4	4	2	47	5	2	2	94
4	4	3	54	5	2	3	120
4	4	4	62	5	2	4	150
4	4	5	69	5	2	5	180
4	5	0	41	5	3	0	79
4	5	1	48	5	3	1	110
4	5	2	56	5	3	2	140
4	5	3	64	5	3	3	180
4	5	4	72	5	3	4	210
4	5	5	81	5	3	5	250

（续表）

接种量/mL			MPN/100 mL	接种量/mL			MPN/100 mL
10	1	0.1		10	1	0.1	
5	0	0	23	5	4	0	130
5	0	1	31	5	4	1	170
5	0	2	43	5	4	2	220
5	0	3	58	5	4	3	280
5	0	4	76	5	4	4	350
5	0	5	95	5	4	5	430
5	1	0	33	5	5	0	240
5	1	1	46	5	5	1	350
5	1	2	63	5	5	2	540
5	1	3	84	5	5	3	920
5	1	4	110	5	5	4	1 600
5	1	5	130	5	5	5	>1 600

3. 地表水和废水

（1）地表水中较清洁水的初发酵实验步骤同"2. 水源水"的检验方法。有严重污染的地表水和废水实验的接种水样应作 1∶10、1∶100、1∶1 000 或更高稀释，检验步骤同"2. 水源水"的检验方法。

（2）如果接种的水样量不是 10 mL、1 mL 和 0.1 mL，而是较低或较高的三个浓度的水样量，也可查表求得 MPN 指数，经下面的公式换算成每 100 mL 的 MPN 值。

$$MPN = MPN\ 指数 \times \frac{10\text{mL}}{接种量最大的一管的水样量(\text{mL})} \tag{24-1}$$

我国目前以 1 L 为报告单位，MPN 值再乘 10，即为 1 L 水样中的总大肠菌群数。

六、注意事项

1. 如果检测被严重污染的水样或检测污水，稀释倍数可选得大些。

2. 对于被严重污染的水样和污水，可根据初发酵实验中的阳性管数，计算每升水样的大肠菌群数。

七、思考题

1. 测定水中大肠菌群数有什么实际意义？

2. 为什么选用大肠菌群作为水的卫生指标？

实验二十五

水体沉积物中的 H_2S 产生菌的测定

一、实验目的

1. 学习沉积物中 H_2S 产生菌的测定方法。
2. 了解 H_2S 产生菌的种群组成。

二、实验原理

自然环境中,通过新陈代谢作用能够产生 H_2S 的菌类微生物主要是化能异养菌,产生 H_2S 的过程可分成两种类型:①分解含硫有机物产生 H_2S,所有能够分解利用有机物的细菌、放线菌、真菌都具有此作用,它们可以是好氧的,也可以是厌氧的。②还原 SO_4^{2-}、SO_3^{2-} 产生 H_2S,能够进行无氧呼吸的微生物具有此作用,它们可以是厌氧菌,也可以是兼性厌氧菌,但都能够利用 SO_4^{2-} 中的氧作为氢和电子的受体。

在固体或半固体培养基中加入乙酸铅,接种沉积物后,异养微生物生长繁殖产生的 H_2S 就会与其周围的铅离子作用,形成黑色硫酸铅,菌体繁殖形成菌落,在菌落周围就会形成斑块。

三、实验器材及试剂

酒精灯、37 ℃培养箱、无菌培养皿、记号笔、采泥器、无菌加盖广口瓶、无菌移液管、量筒、烧杯、高压蒸汽灭菌锅、锥形瓶、培养基等。

四、实验步骤

1. 用采泥器采取河道沉积物,迅速转移至无菌加盖广口瓶中,带回实验室备用。

2. 在托盘天平称取沉积物 1 g,放于盛有 99 mL 无菌水的锥形瓶中,振摇 3～5 min,加生理盐水进行稀释,最大稀释倍数为 10^5,同时称取 10 g 沉积物在 105～110 ℃下烘干,再称重,计算湿泥含水率(%)。

3. 取 10^{-3}、10^{-4}、10^{-5} 三个稀释度的稀释液各 3 mL,分别放于 9 个无菌试管中(每个稀释度分为三管,每管 1 mL),再将 8～10 mL 融化后冷却至 40～50 ℃ 的培养基倒入试管中,混匀。

4. 培养基凝固后放于 (37±1) ℃ 的培养箱中培养 24 h,取出观察,试管培养基中有黑色团块者为阳性。

5. 根据每个稀释度的阳性管数,查表 25-1 得到细菌最可能数。

表 25-1　　　　　　　　　　　　　　　细菌最可能数

阳性指标	细菌最可能数	阳性指标	细菌最可能数	阳性指标	细菌最可能数
000	0.0	201	1.4	302	6.5
001	0.3	202	2.0	310	4.5
010	0.3	210	1.5	311	7.5
011	0.6	211	2.0	312	11.5
020	0.6	212	3.0	313	16.5
100	0.4	220	2.0	320	9.5
101	0.7	221	3.0	321	15.5
102	1.1	222	3.5	322	20.0
110	0.7	223	4.0	323	30.0
111	1.1	230	3.0	330	25.0
120	1.1	231	3.5	331	45.0
121	1.5	232	4.0	332	110.0
130	1.6	300	2.5	333	140.0
200	0.9	301	4.0		

6. 计算

查表所得值为取 10^{-2} 稀释液 $3×10$ mL、10^{-3} 稀释液 $3×1$ mL、10^{-4} 稀释液 $3×0.1$ mL时,100 mL 稀释液中的最可能数也就是 1 g 湿泥中的最可能数。本实验取的最低稀释倍数为 10^3。所以 1 g 湿泥中的菌数应为:

$$菌数(个) 湿泥(g) = MPN × \frac{10}{0.1} \qquad (25\text{-}1)$$

式中　MPN——细菌的最可能数。

1 g 干泥中的 H$_2$S 产生菌数 N 应为:

$$N = MPN × \frac{10}{0.1 × (1 - 湿泥含水率)} \qquad (25\text{-}2)$$

五、思考题

1. 简述 H$_2$S 产生菌的监测原理。

2. 记录试管培养结果。

3. 求 1 g 干泥中 H$_2$S 产生菌数。

实验二十六

土壤中微生物数量的监测

一、实验目的

1. 学会土壤悬液的稀释方法。
2. 掌握土壤微生物数量的监测方法。

二、实验原理

土壤是微生物生活最适宜的环境,它具有微生物进行生长繁殖及生存的各种条件,所以土壤中微生物的数量和种类都很多,它们参与土壤中的氮、碳、硫、磷等的矿化作用,使地球上的这些元素能被循环使用。此外,土壤微生物的活动对土壤形成、土壤肥力和作物生产都有非常重要的作用,因此,查明土壤中微生物的数量及其组成情况,对发掘土壤微生物资源和对土壤微生物实行定向控制是十分必要的。

三、实验器材及试剂

营养琼脂培养基、查氏琼脂培养基、无菌水、灭菌吸管、灭菌培养皿、培养箱、土壤样品、天平、称量纸等。

四、实验步骤

1. 取新鲜土壤样品 10 g,加入 90 mL 无菌水中,塞上灭菌塞子,在摇床上振荡 10 min,制成土壤悬液。

2. 按 10 倍稀释法,将上述土壤悬液稀释至稀释度为 10^{-6}。

3. 分别吸取稀释度为 10^{-5}、10^{-6} 的土壤悬液 1 mL 至灭菌培养皿中。

4. 将加热完全熔化后冷却至 45 ℃的查氏琼脂培养基倾入已加有稀释土壤悬液的培养皿中约 15 mL,摇床振荡混匀后平置,待其固化。

5. 按步骤 3、4 的方法吸取稀释度为 10^{-5}、10^{-6} 的土壤悬液 1 mL 至灭菌培养皿中,倾入营养琼脂培养基(稀释度视土壤肥瘦而定,肥沃土壤稀释度较高,贫瘠土壤稀释度较低)。

6.营养琼脂平板倒置于37 ℃中培养,查氏平板于25 ℃中培养。

五、注意事项

1.在营养琼脂平板上长出的菌落以土壤中异养菌占绝对优势,对偶然出现的霉菌和放线菌菌落可根据菌落外观形态特征的差异而将其删除,必要时可挑取菌落培养物制成悬滴标本后加以观察。

2.查氏琼脂培养基含有3%蔗糖,它能抑制大多数细菌的生长,而霉菌和放线菌能忍受高渗高压,故能在这种培养基上生长,所得菌数为霉菌和放线菌的菌数。

六、思考题

1.为什么说土壤是微生物最好的培养基?
2.如何进行土壤中微生物的分离和计数?

实验二十七

空气、皮肤、口腔中微生物分布测定技术

一、实验目的

1. 验证空气中微生物的存在。
2. 掌握空气中微生物的检测方法。
3. 验证人体的皮肤、口腔正常菌群的存在。
4. 掌握人体正常菌群的检测技术。

二、实验原理

悬浮在空气中的微生物落在适宜于它们生长的固体培养基表面,在适宜温度下培养一段时间后,每个分散的菌体或孢子就会形成一个个肉眼可见的细胞群体即菌落,通过观察菌落的特征和计数,可大致鉴别空气中微生物的种类和数量。

人体的皮肤表面存在各种微生物,用手在培养基表面划线,手的皮肤表面的微生物就接种到了培养基上,通过培养,肉眼就可以看到它们。

人的口腔也常有葡萄球菌、链球菌及其他细菌存在,用棉签采集口腔标本,将其涂布于培养基的表面,或对着培养基用力咳嗽,这些菌就能接种到培养基的表面,通过培养,肉眼就可以看到它们。

三、实验器材及试剂

酒精灯、28 ℃培养箱、37 ℃培养箱、培养皿、记号笔、医用棉签、酒精棉球、接种环、无菌水、营养琼脂培养基、马铃薯葡萄糖琼脂培养基等。

四、实验步骤

(一)空气中微生物分布测定

1. 熔化培养基:电炉加热使培养基熔化。
2. 倒平板:将已熔化的培养基冷却至 50 ℃左右,营养琼脂培养基和马铃薯葡萄糖琼

脂培养基分别倒平板 3 皿,待凝固,写上培养基名称,备用。

3.检测:将每种培养基分别编号为 0、1、2 号,将这 6 皿培养皿置于室内。1 号、2 号分别置于室内四周并打开皿盖,使培养基暴露于空气中,10 min 后盖上皿盖。0 号置于室中央,不打开皿盖以做对照。

4.培养:将营养琼脂培养基平板置于 37 ℃培养箱倒置培养 24 h;将马铃薯葡萄糖琼脂培养基平板置于 28 ℃培养箱倒置培养 48 h。

5.观察并记录结果。

6.根据下列公式计算出 100 cm² 培养基的菌落数及每立方米空气中的活菌数。

$$100\ cm^2\ 培养基的菌落数 = \frac{每个平皿菌落数}{\pi r^2} \times 100 \tag{27-1}$$

$$每立方米空气中活菌数 = \frac{100\ cm^2\ 培养基上平均菌落数}{20} \times 1\ 000 \tag{27-2}$$

(二)皮肤中微生物分布测定

1.熔化培养基:电炉加热使培养基熔化。

2.倒平板:将已熔化的培养基冷却至 50 ℃左右,营养琼脂培养基倒平板 3 皿,待凝固后分别编号:1 号为洗手前,2 号为洗手后,3 号为酒精消毒。

3.洗手前用右手食指在 1 号培养基的表面画"+"字。

4.用洗手液洗手,以流水冲洗 3 min 以上,用镊子取无菌棉球擦干右手食指,然后在 2 号培养基的表面画"+"字。

5.用酒精棉球消毒右手食指后,在 3 号培养基的表面画"+"字。

6.将上述平板倒置于 37 ℃培养箱培养 24 h。

7.观察结果并计数。

(三)口腔中微生物测定

1.熔化培养基:电炉加热使培养基熔化。

2.倒平板:将已熔化的营养琼脂培养基冷却至 50 ℃左右,营养琼脂培养基倒平板 2 皿,待凝固用记号笔标上 4 号、5 号,备用。

3.取医用棉签一根,蘸取少许无菌水,在舌头上轻滑一下,然后涂于 4 号平板顶端,接着用灭过菌的接种环做划线分离。

4.打开 5 号平板的盖子,将培养基置于距口腔约 15 cm 处,对准培养基表面用力咳嗽 3~4 次,盖好盖子。

5.将上述平板倒置于 37 ℃培养箱培养 24 h。

6.观察并记录结果。

五、注意事项

1.倒平板时培养基的温度不能太高,否则培养皿盖上会有许多冷凝水,易造成污染。

2.培养时,培养皿要注意倒置培养。

3.用手画"+"字时要轻,不要划破培养基。

4.计算菌落时,菌落边缘互相重叠时要分开计算。

六、思考题

1. 空气中微生物分布测定结果记录。(可参照表 27-1 设计记录表格)
2. 口腔和手指微生物分布结果记录。(可参照表 27-2 设计记录表格)

表 27-1　　　　　　　　　　空气中微生物分布测定观察结果

采样地点	培养基类型	平均菌落数	每立方米空气中活菌数
	营养琼脂		
	马铃薯葡萄糖		
	琼脂(PDA)		

表 27-2　　　　　　　　　　口腔和手指上微生物分布测定结果

项目		菌落数
口腔	涂抹法	
	咳嗽法	
手指	洗手前 1 号皿	
	洗手后 2 号皿	
	酒精消毒后 3 号皿	

附　录

一、染色液的配制

1. 简单染色液

(1)石炭酸复红(一品红)

A 液:碱性复红 0.3 g、95% 乙醇 10 mL;B 液:苯酚 5 g、蒸馏水 95 mL。混合 A、B 二液即成。

(2)吕氏碱性亚甲蓝液

A 液:亚甲蓝 0.3 g、95% 乙醇 10 mL;B 液:KOH 0.01 g、蒸馏水 100 mL。混合 A、B二液即成。

2. 革兰氏染色液

(1)草酸铵结晶紫

A 液:结晶紫 2 g、95% 乙醇 20 mL;B 液:草酸铵 0.8 g、蒸馏水 80 mL。混合 A、B 二液即成。

(2)卢戈碘液

碘 1 g、碘化钾 2 g、蒸馏水 300 mL。先将 KI 溶于 3～5 mL 的蒸馏水中,然后加碘片,并摇荡,使碘片完全溶解后,再加蒸馏水至足量。

(3)沙黄复染液

番红(用 95% 乙醇配制 2.5% 的番红液)10 mL、蒸馏水 90 mL。

二、常用培养配方

1. 牛肉膏蛋白胨培养基——培养细菌

(1)成分及条件

蛋白胨 10 g、牛肉膏 3 g、食盐 15～20 g、琼脂 15～17 g、蒸馏水 1 000 mL。pH 7.6～7.8。

(2)制法

将以上成分混合,加热溶解,补足失水,调节 pH,在 121 ℃ 的温度下灭菌 30 min。

2. 马铃薯葡萄糖琼脂培养基(PDA培养基)——培养真菌

(1)成分及条件

马铃薯 200 g、葡萄糖 20 g、琼脂 15~20 g、蒸馏水 1 000 mL。pH 7.6~7.8。

(2)制法

取已削皮洗净的马铃薯 200 g,切成 0.3 cm³ 的小块,放入 1 000 mL 水中,煮沸 10 min,用双层纱布滤去薯块,取其滤液补足水,加入葡萄糖和琼脂,加水补足 1 000 mL 分装,于 121 ℃ 的温度下灭菌 20 min。

3. 高氏一号培养基——用于分离、培养放线菌

(1)成分

可溶性淀粉 20 g,$FeSO_4 \cdot 7H_2O$ 0.01 g,KN_3 1 g、琼脂 15~20 g、NaCl 0.5 g、蒸馏水 1 000 mL、K_2HPO_4 0.5 g、KCl 0.5 g。

(2)制法

将淀粉置于少量冷水中调成糊状,再加入少量水搅拌,加热至溶解。然后依次加入药品,等药品完全溶解后,补充所失水分,调节 pH 至 7.4,于 121 ℃ 的温度下灭菌 20 min。

4. 乳糖胆盐发酵管——测定大肠菌群最低数(MPN)

(1)成分及条件

蛋白胨 20 g、1.6%溴甲酚紫酒精液 0.6 mL、猪胆盐(或牛、羊胆盐)5 g,或用 0.04%溴甲酚紫水溶液 25 mL、乳糖 10 g、蒸馏水 1 000 mL,pH 7.4。

(2)制法

除溴甲酚紫外,将上述药品溶于水中,校正 pH,加入溴甲酚紫,分装试管,每管 10 mL 或 3 mL,并倒入发酵管,在 114 ℃ 的温度下灭菌 15 min。

5. 血琼脂——分离葡萄球菌或其他营养需求较高细菌

(1)成分

豆粉琼脂 100 mL、无菌脱纤维羊血(兔血或牛血)10 mL。

(2)制法

将豆粉琼脂放在流动蒸汽无菌设备内熔解。待温度冷却至 50 ℃ 左右,以无菌操作法吸取脱纤维羊血加入琼脂内,摇匀后倾注平皿或制成斜面,冷凝后置冰箱备用。

6. 伊红亚甲蓝琼脂(EMB琼脂)——肠道致病菌的分离

(1)成分及条件

牛肉膏蛋白胨培养基 100 mL、2%伊红Y溶液 2 mL、乳糖 1 g、0.5%亚甲蓝溶液 1

mL,pH7.6。

（2）制法

在营养琼脂内加入乳糖,加热熔化,冷却至 50 ℃,加入经过高压灭菌的伊红 Y 溶液及亚甲蓝溶液,摇匀后倾注平板。

三、常用指示剂的配制

1.溴甲酚紫指示剂

成分:碘片 1 g、碘化钾 2 g、蒸馏水 300 mL。

2.甲基红试剂

成分:甲基红 0.04 g、95％乙醇 60 mL、蒸馏水 40 mL。

3.溴麝香草酚蓝指示剂

成分:溴麝香草酚蓝 0.04 g、0.01 mol/L 氢氧化钠 6.4 mL、蒸馏水 93.6 mL。

溴麝香草酚蓝 pH 6.0～7.6,颜色由黄变蓝,常用浓度为 0.04％。

参考文献

[1]张英.食品理化与微生物检测实验.北京:中国轻工业出版社,2004.

[2]黄高明.食品检验工(中级).北京:机械工业出版社,2006.

[3]苏德模.药品微生物学检验技术.北京:华龄出版社,2007.

[4]杨文博.微生物学实验.北京:化学工业出版社,2004.

[5]周德庆,徐德强.微生物学实验教程.第3版.北京:高等教育出版社,2013.

[6]赵明贵.食品微生物实验室工作指南.北京:中国标准出版社,2005.

[7]沈萍,陈向东.微生物学实验.第4版.北京:高等教育出版社,2007.

[8]钱存柔,黄仪秀.微生物学实验教程.第2版.北京:北京大学出版社,2008.

[9]康臻.食品分析与检验.北京:中国轻工业出版社,2006.

[10]李榆梅.药学微生物基础技术.北京:化学工业出版社,2010.

[11]王兰.环境微生物学实验方法与技术.北京:化学工业出版社,2016.

[12]郑平.环境微生物学实验指导.浙江:浙江大学出版社,2005.

[13]GB 4789.3－2016.食品安全国家标准食品中微生物学检验大肠菌群计数.北京:中国标准出版社,2016.

[14]GB 4789.2－2016.食品安全国家标准食品中微生物学检验菌落总数测定.北京:中国标准出版社,2016.

[15]GB 4789.10－2016.食品安全国家标准食品中微生物学检验金黄色葡萄球菌检验.北京:中国标准出版社,2016.

[16]GB 4789.4－2016.食品安全国家标准食品中微生物学检验沙门氏菌检验.北京:中国标准出版社,2016.